JN193235

マネジメント技術の
国際標準化と実践

― 建設プロジェクトの挑戦 ―

博士（工学） 山岡 暁 著

コロナ社

「マネジメント技術の国際標準化と実践」正誤表

頁	行・図・式	誤	正
4	下から6行目	意思決定と実施決定	意思決定と実施
20	下から1行目	混在させているところもある。	混在させているところもある(混合型組織)。
29	下から6行目	建設プロジェクトでは,	建設プロジェクトでの工程は,
33	4行目	要員同士の	成員同士の
42	9〜10行目	3種類の契約(「委任」または「請負」,「雇用」,の規律を	3種類の契約:「委任」,「請負」,「雇用」の規律を
43	下から9行目	地質よりも現場の地質が	地質よりもトンネル施工現場の地質が
43	下から8行目	それが解決されるまで施工を止める」	それが解決されないと施工できない」
55	4〜5行目	工事施工計画書には,工程・品質・コスト・安全管理のための,	工事施工計画書には,安全・工程・品質・コストのための,
59	下から6行目	ての成果物やサービス,	ての生産物やサービス,
68	図3.8の①	先行作業終了後,後続作業開始可能	先行作業終了後,後行作業開始可能
70	図3.11	破線	実線に変更
71	下から4行目	作業の変数から所要時間や費用,予算など	作業の変数から所要時間や費用など
72	下から6行目	削して基礎とする。どこまで掘削すればそのような基礎が現れるかは,	削したり,地盤改良したりして基礎とする。どの程度まで掘削や地盤改良するかは,
82	15行目	下請の見積が元請の費用にも反映	下請の見積が元請の見積にも反映
90	9行目	標として掲げ,そして標準を満たす	標として掲げ,その標準を満たす
103	6行目	保証や担保,履行保証などが	担保や契約履行保証などが
108	下から5行目	この現象は,1.3節「マネジメントは役に立つのか」で	この現象は,1.3.1項「職場での不平・不満」で
113	10行目	このようなプロジェクトで	このようなチームで
127	下から6行目	リスク区分を示した。	リスク分類を示した。
128	表4.7の項目	リスク区分/要素	リスク分類/要素
129	表4.8の項目	リスク区分	リスク分類
130	表4.9の項目	リスク区分	リスク分類
131	表4.10の項目	リスク区分	リスク分類
143	下から1行目	受けとる可能性をもつ。	受けとる可能性を有する。
144	下から1行目	管理し工事を監督し支払いを	管理し,工事を監督し,支払いを

頁	行・図・式	誤	正
145	2行目	設計者に発注者の	設計者に, 発注者の
	3行目	設計者はエンジニアの	設計者には, エンジニアの
152	下から1行目	住民移転計画が実施される。	住民移転が実施される。
154	下から12行目	開発調査や建設プロジェクトは,	JICAによる開発調査や建設プロジェクトは,
155	13行目	モニタリングを実施する。	モニタリングの対象となる。
	14～15行目	おもに, カテゴリAやカテゴリBの案件	委員会は, カテゴリAや必要と認められたカテゴリBの案件
158	6～7行目	十分な説明をし, 補償をしなければ	十分な説明をし, 事業者は補償をしなければ
170	下から10行目	例えば, 水分野では,	例えば, 上水分野では,
174	3～4行目	4億米ドルをSRPCに支払う。	4億米ドルをSRPCに支払った。
176	表4.15 項目の2行目	官負担(契約範囲分離)	事業実施(契約範囲分離)
180	下から15行目	発効させている。	発行している。
187	下から12行目	(事業の)	(事業)の
188	下から1行目	それが生み出す収入や利益が	それが生み出す貨幣価値が
189	2行目	他の選択肢がもたらす収入(あるいは利益)	他の選択肢がもたらす貨幣価値
195	7行目	発電事業では.	水力発電事業では,
		便益は代替発電所の	便益は機会費用、すなわち代替発電所の
		発電に必要な機会費用の回避と	発電に要する費用と
	11行目	かかる費用は…と定義される。	かかる費用は…とみなされる。
	13行目	費用の回避である。	費用として扱う。
	14行目	電力エネルギー	同量の電力エネルギー
		供給する機会費用である。	供給するための費用として扱う。
	15行目	2種類の電力を比較	2種類の電力の建設と発電の費用を比較
197	3行目	withとwithoutという	事業有(with)と事業無(without)という

最新の正誤表がコロナ社ホームページにある場合がございます。
下記URLにアクセスして[キーワード検索]に書名を入力して下さい。
http://www.coronasha.co.jp

ま　え　が　き

　本書は，筆者の国内外におけるプロジェクトマネジメントの経験を踏まえ，国際標準化が進むマネジメント技術の知識体系や実践方法を解説する。プロジェクトを成功に導くために，マネジメントは，きわめて有効な技術や技能として実務者に認識されるようになった。さまざまな分野のグローバリゼーションが進行する中で，日本人が国内外で外国人とともに仕事をする機会は増えており，企業や組織はリスクをマネジメントしなければ存続できない状況になっている。しかし，多様な人々とチームを組んで，プロジェクトを問題なく実行することは，多くの日本人にとってそれほど簡単ではない。

　具体的なプロジェクトとして，国内外の建設一般や社会基盤整備を取り上げる。社会基盤整備は，地域や国家の歴史や社会，経済，人々の生活，さらに自然環境に多大な影響を与えてきた。多くの社会基盤のプロジェクトは大規模かつ複雑であり，多くの人々が利害関係を有するために，これらのプロジェクトマネジメントが抱える課題も深く広い。社会基盤整備は，難しいプロジェクトの一つであり，適切なマネジメントを必要とする。国内外で社会基盤整備の手法や資金調達が変化する中で，海外のプロジェクトに日本人が参加し，プロジェクトを成功させるためには，マネジメントを十分理解した上で，実施しなければならない。

　マネジメントは，社会で働いた経験がある人ならば，実務を通じて断片的ではあるが，その都度，必要な知識を身につけられる。しかし，マネジメントは，プロジェクトの経験や記録に基づく知識や方法論に限らず，きわめて幅広い知識分野を含んでいる。品質と原価だけを取り上げてバランスよく調整すれば，プロジェクトが成功するわけではない。成功するには，総合的なマネジメントが求められており，プロジェクトの期限や品質，予算を満足して，顧客の要求事項に答えなければならない。プロジェクト自体は，日常発生するものから宇宙開発まで非常に幅広いため，プロジェクトマネジメントは一律に扱えな

い要素を含んでいる。しかし，その技術や手法を理解し，それを自分の専門分野や仕事でのプロジェクトに適用すれば，新たな成果や価値を生み出すことができる。

　プロジェクトマネジメントは，知識の総合的な体系化に伴い，標準化が進んでいる。欧米では，さまざまな分野から幅広く知識を集め，体系化し，科学的な手法も取り入れて国際標準化を進めている。例えば，アメリカのプロジェクトマネジメント協会（Project Management Institute，PMI）が発行している『プロジェクトマネジメント知識体系ガイド』（Project Management Body of Knowledge Guide，PMBOK ガイド†）は，2017 年に第 6 版が出版された。欧州や国連などでは，イギリス政府が開発した PRINCE2 が用いられている。PMI は，1969 年に設立された非営利のプロジェクトマネジメントの組織であり，世界各国でプロジェクトマネジメントの標準策定や PMP（Project Management Professional）資格認定，交流などを行っている。本書では，『PMBOK ガイド』を国際標準化されたプロジェクトマネジメントガイドとして扱っている。

　本書では，1 章で，体系化・国際標準化が進むプロジェクトマネジメントの基礎知識を説明する。知識には，プロジェクトマネジメントの体系と，理論や経験から構築された内容が含まれる。

　2 章では，日本の組織文化が，マネジメントに及ぼす影響を述べる。日本の文化や思考は世界の中で特異性があり，国内での仕事やプロジェクトにおける日本人の常識は，世界では通じないことも多い。日本とは異なる文化的背景や組織的背景を有する多様な利害関係者が関わる国際的なプロジェクトに参加し，プロジェクトを成功させるには，まず，プロジェクトへの日本固有の環境要因を理解する必要がある。

　3 章では，国際標準化が進行するプロジェクトマネジメントに従って社会基盤プロジェクトを実施することを想定して，プロジェクトの立上げから終結ま

---

† 　本書で使用している会社名，製品名は，一般に各社の商標または登録商標です。本書では ® と ™ は明記していません。

でのマネジメント技術を説明する。プロジェクトマネジメントは，投入・工程（プロセス）・成果の流れで構成され，さまざまなツールや技法が工程に適用される。社会基盤プロジェクトは，国内外で日本の建設コンサルタントや建設会社によって実施されている。国内と海外では，用いる知識体系は似ていても，投入する情報や成果物としてのプロジェクトマネジメント計画書も異なる。国内で培ったマネジメントを海外でそのまま用いても，さまざまな変更要求やカントリーリスクには十分対応できない。これまでの国内外の建設プロジェクトやマネジメントを評価分析し，プロジェクトマネジメントの課題と対策も述べる。

　4章では，国内外の建設プロジェクトを取り巻く近年の状況変化を受けて，プロジェクトマネジメントの視点から，今後の建設や社会基盤整備の課題と対策を説明する。まず，日本の建設業の海外での受注や活動の実態を述べ，その課題を探った。コミュニケーションや，契約などのリスクマネジメントに関する多くの課題が日本企業によって認識されている。近年，社会基盤は，各国政府の財政負担を軽減するために，民間資本も活用して開発するようになってきた。そのためにプロジェクトの調達や契約の方式が変化している。

　社会基盤整備にとって環境社会配慮との協調は，長年の課題であり，課題解決のための国際援助機関の取組みも変化してきた。途上国の社会基盤整備では，経済性だけでなく，ビジネスとして収益も得られるように，官民で適切に役割とリスクを分担し，官民連携で取り組む新たな方式が求められている。

　日本の政府開発援助による途上国の社会基盤整備の成果は，国内外で十分に理解されていない状況にある。プロジェクトの評価は公平に実施され，公開される必要がある。プロジェクト評価では，開発を支援する側だけでなく，支援される側の評価も求められている。

　5章では，社会基盤整備への民間資本活用の課題を踏まえ，プロジェクトの経済・財務分析の手法を説明する。事業者や投資家は，プロジェクトファイナンスや会計法も理解し，経済・財務の視点からも事業が成立することを評価分析しなければならない。

　本書は，筆者の限られた知識と経験による読本であり，国際標準化が進むプロジェクトマネジメントの直接の解説書ではないので，その詳細を理解するには，『PMBOK ガイド』などを活用していただきたい。読者は，国内外で建設や社会基盤に関心のある学生や社会人に加えて，プロジェクトマネジメントを学習した経験はないが，マネジメントに関心のある方々も対象にしている。読者が理解を深められるように，また，アクティブラーニングなどの新しい教育方法にも対応するように，問題や演習問題を掲載した。本書の出版にあたり，コロナ社および株式会社熊谷組 神代直弘氏，合同会社石黒アソシエイツ 石黒正康氏から多くの有益な示唆や協力をいただいた。ここに深く感謝いたします。

2018 年 8 月

山岡　暁

目　　　次

1章　プロジェクトマネジメントの基礎知識

2章　日本の組織文化の影響

3章　プロジェクトのマネジメント技術

4章　建設プロジェクトの国際化

5章　プロジェクトの経済・財務分析

1章　プロジェクトマネジ メントの基礎知識

　本章では，国際標準化が進行するプロジェクトマネジメントの基礎知識を解説する。プロジェクトマネジメントを実務で活用するには，まず基礎となる知識を理解する必要がある。知識には，プロジェクトマネジメントの体系と，理論や経験から構築された内容が含まれる。対象とする知識の範囲はきわめて広いので，まず全体の概要と要点を説明する。

1.1　プロジェクトとは

　プロジェクトは，特定の目的を達成するための期限の決まった活動である。日常生活や仕事で生じるものもあれば，国家を挙げて取り組むものもある。プロジェクトは，『**PMBOK ガイド**』では，以下のように定義されている[1] [†1]。

　「プロジェクトとは，独自の**プロダクト**，サービス，所産[†2]を創造するために実施する，有期性のある業務である。」

　つまり，一定の期限と具体的な仕様が決められている土木構造物や新製品，新システムを作ることなどは個々のプロジェクトになり得る。プロジェクトと対比されるのは，**定常業務**である。会社などの通常業務や継続的な運用管理，あるいは改善活動などは，特に開始と終了が定義されていないので，プロジェクトではない。定常業務をあえて定義すると，「同じ生産物（プロダクト）またはサービスが繰り返し創出される期限のない活動」となる。すわなち，独自性と期限があることがプロジェクトの最も大きな特徴といえる。

　複数のプロジェクトの集合体を**プログラム**と呼ぶ。単独のプロジェクトのマネジメント，すなわち**プロジェクトマネジメント**に対して，全体管理や全体最適

[†1]　肩付き数字は，巻末の引用・参考文献番号を表す。
[†2]　所産は，result の和訳。

を含む複数プロジェクトのマネジメントを**プログラムマネジメント**と呼んでいる。

プロジェクトには以下の特徴がある。

・ 過去に存在しなかったなにかを生み出す要求やニーズがある。

・ 必ず開始と終了の時点がある。

・ 永続的ではない一時的なチームが実施する。

・ 1人のリーダー（**プロジェクト・マネジャー**）と複数の要員からチームが構成される。

・ 予算が与えられる。

・ 複数の工程で成り立つ。

・ 各工程で必要な資源が変化する。

・ 予想できない事態が発生する可能性がある。

上記の特徴を踏まえると，プロジェクトが成功する条件は，以下のようにまとめられる。

・ 期限内に，

・ 予算金額内で，

・ **要求水準**を満たす技術成果のもと，

・ 割り当てた資源を活用して，

・ 要求事項を満足して完了する。

人類は，これまでさまざまな事業をプロジェクトとして実施することによって，社会経済を発展させ，人々の生活水準を向上させてきた。歴史上の巨大事業は，**社会基盤（インフラ）整備**に関係するものが目立ち，これらの多くは，プロジェクトで実施されてきた。

古代の偉大なプロジェクトとして，ギリシャや地中海沿岸の都市建設やローマ帝国の道路網や水道橋，ローマと中国をつなぐ東西交易回廊，中国の万里の長城がある。また，日本でも，飛鳥・奈良時代には，都市が建設され，ダムで造った満濃池†で灌漑が始まった。中世では，ヨーロッパや中東，中国におい

---

† 8世紀初頭に香川県に造成された灌漑用のため池。建設後，何度も決壊と再構築が繰り返されており，空海も改修に尽力した。現在も使用されている。

て，都市が開発され，人の交流や商業のための道路および港湾建設が盛んになった。近代では，イギリスで始まった産業革命により，蒸気機関が発明され，鉄道が敷かれ，蒸気船の発着のために世界で大型の港湾施設が建設された。日本にも明治時代に蒸気機関が輸入され，機関車が走った。その後，自動車の発明により耐久性の高い道路が建設され，飛行機の発着のために世界中で空港が建設された。人は電気を知り，発電所を建設した。現在では，通信技術が発達し，携帯電話やインターネットのために，途上国を含む世界中でアンテナや光ケーブルなどの通信インフラが整備されている。これらのプロジェクトの成功によって，多くの国々で，人の交流や物流が盛んになり，地域や国家の社会経済が発展し，人々の暮らしは豊かになった。

　優れた技術やマネジメントによって完成した生産物は，現在も遺産としてだけでなく，現役の社会基盤として機能しているものもある。しかしながら，過去の多くの偉大なプロジェクトでは，設計図書を始めプロジェクト文書がない。ましてやプロジェクトマネジメントの文書はさらに少ない。今後も社会基盤整備は，その価値や重要性，複雑さから，プロジェクトマネジメントを最も活用すべき対象の一つである。

　【問題 1.1】 定常業務とプロジェクトの具体的な事例をそれぞれ挙げなさい。

1.2　プロジェクトマネジメントとは

1.2.1　定　　　義

　プロジェクトマネジメントは概念であり，その内容を正しく理解した上で，概念を目に見える形で実行に移していかなければならない。これまで，その概念自体もあいまいな部分があったため，どのように実施していくべきかも明確ではなかった。現時点でも，その概念が固定し，完成までの過程で実行すべき作業や手法が確定したわけではない。しかし，これまであいまいだった概念や実行すべき作業を知識体系やプロセスを分析することによって，明確化してきた。したがって，マネジメントによって，プロジェクトに関わる人や組織が，適切な計画を立て，作業を実行し，プロジェクトをより高い確率で成功に導く

ことが可能になってきた。

プロジェクトマネジメントは，『PMBOK ガイド』では次のように定義されている。

　　「プロジェクトマネジメントとは，プロジェクトの要求事項を満足させ
　　るために，知識，スキル，ツール，および技法をプロジェクト活動へ適用
　　することである。」

　上記では，「プロジェクトの要求事項を満足させるために」と記述され，「プロジェクトの成功のために」や「プロジェクトが生み出す便益や利益を確保するために」ではない。要求事項は通常，文書化されており，プロジェクトの立上げで，まずチーム要員全員がそれを確認する。簡単なプロジェクトならば，要求事項は詳細に記載されていないかもしれない。要求事項が明確でなければ，それを確認し，同じ認識を共有すべきである。欧米では当然のことであろうが，日本やアジア諸国では，この点から意識や疑問を持ってプロジェクトに取り掛からなければならない。

　プロジェクトマネジメントと一般的なマネジメントは，どのように違うのだろうか？ マネジメントは，プロジェクト以外に，経営や資産，財務，あるいは組織やチームを対象に使用されている。この手のノウハウ本は本屋やウェブでもよく見かける。国内外で，マネジメントに関する書籍は毎年，数多く出版されている。

　プロジェクトマネジメントと一般的なマネジメントのマネジメント理念に基づく理論や実践に関する主要な項目を**表1.1**に示す[2]。両者は同じ基本概念を有するが，プロジェクトまたは組織において，おもに考慮されるマネジメントに関連していくつかの大きな違いが見られる。すなわち，意思決定と実施決定において，両者の領域での適用や運用が異なるために，マネジメントプロセスが異なる。

　図1.1にプロジェクトの組織体を示す。一般に，プロジェクトは母体組織の中で立上げられる。**スポンサー**は，母体組織に所属する個人や組織であり，プロジェクトの後援者や保証人としての役割を果たし，プロジェクトを成功に導

表1.1　プロジェクトマネジメントと一般的なマネジメントのおもな違い

項目	プロジェクトマネジメント	一般的なマネジメント
目標	費用・工期・技術的な実施の具体的な目標	組織戦略マネジメント
目的	特別な要求	組織の使命や存続目的，ゴール
組織	マトリックス型 / プロジェクト型	垂直（機能）型
関心	・プロジェクトの機能と母体組織のインターフェースに焦点 ・生産物とサービス，プロセスで役立つ母体組織の資産に着目 ・母体組織の戦略を支援 ・プロジェクトステークホルダー（利害関係者）	・継続中の事業 ・組織の成功 ・組織の活動の効率と効果 ・機能とプロジェクト活動の統合

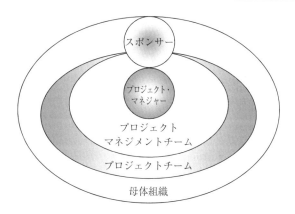

図1.1　プロジェクトの組織体

くために資源を提供し，支援する。プロジェクト立上げの責任者にもなる。母体組織は，その中で実施されるプロジェクトだけでなく，日々の定常活動もマネジメントしなければならない。

　日本でも，マネジメントは，カタカナで使われるようになった。従来から，日本にマネジメントがなかったわけではなく，**管理**や**監理**は一般に用いられてきた。**コントロール**も和訳すると，管理になる。マネジメントのほうがコントロールよりも，活動の範囲が広く，深いと考えられる。国家資格の技術士には，**総合技術監理部門**がある。これらの用語が明確に使い分けられているとは考えにくい。この点は，1.9節「マネジメント用語」で，解説する。

1.2.2 ドラッカーのマネジメント

ピーター・フェルディナンド・ドラッカー（以下，**ドラッカー**）のマネジメント理論は国際的に有名であり，日本でも人気が高い。彼はマネジメントを自身の研究によって初めて知識体系として整理した点が国際的に評価されており，マネジメントに関する数多くの書籍を執筆した。マネジメントは，哲学や歴史，文化，環境，企業経営など広範な分野との関係で語られる。しかし，彼が提唱するマネジメントは，単一の定義ではなく，さまざまな表現を用いて説明しているためにわかりにくい。定義としてのマネジメントは次のように表現されている[3), 4)]。

「伝統的な一般教養」

「成果を生むために既存の知識をいかに適用するかを知るための知識」

「多様なニーズと目標をバランスさせること」

「組織に成果を上げさせるための道具，機能，機関」

彼は，限定した期間で実行されるプロジェクトではなく，持続的に企業や役所などの組織が活動するためのマネジメントに着目した。そのマネジメント論では，企業や役所などの組織は，社会全体やコミュニティ，個人の要求を満足させることが目的やミッション（使命）であり，そのためのツール，機能，制度（institution）をマネジメントと考えた（**図1.2**参照）。組織は，時限化されておらず，永続的に存在することを意識している。マネジメントにより，目標達成のための戦略を立て，達成するための機能として，マーケティングとイノベーションを行うべきだとした。マネジメントの仕事を五つ（目標設定，組織する，チームを作る，評価する，人材を育成する）に区分した。

図1.2 ドラッカーによるマネジメントと組織の関係

　彼は，民間企業のコンサルタントとして，企業にアドバイスをした経験も長い。日本の歴史や文化，企業経営にも関心が高く，日本の家電や自動車などの製造業が戦後，輸出によって成長した要因は，日本企業の優れたマネジメントであると評価している。**開発途上国**（以下，途上国）とは，マネジメントが開発途上であり，日本も明治時代は貧しかったが，優れたマネジメントを生み出し，途上国から抜け出したと説明する[3]。

　彼のマネジメント論は，プロジェクトを対象にしたものではなく，一般マネジメントの延長にあると考えられる。製造業のイノベーションはプロジェクトで達成されることが多いが，プロジェクトマネジメントの視点ではあまり解説されていない。また，彼はマネジメント教育について，「すでにある程度成功している人たちを対象とするものである。経験の全くない人へのマネジメント教育は徒労に思われる。」と述べている。しかし，現在のプロジェクトマネジメントは，プロジェクトマネジメントの初心者，すなわち，プロジェクトにこれから関わる人たちにも理解できるような内容と水準に配慮している。マネジメントを学ぶ対象者は，両者で大きく違っている。

　【問題 1.2】 プロジェクトマネジメントと一般的なマネジメントの違いを説明しなさい。

　【問題 1.3】 プロジェクトマネジメントとドラッカーのマネジメントの違いを説明しなさい。

1.3　マネジメントは役に立つのか

1.3.1　職場での不平・不満

　日本の商習慣や文化は欧米とは異なる点が多いので，欧米で構築されたプロジェクトマネジメントの理論や知識が，そのまま日本で通用するかは疑問である。国内のプロジェクトや業務では，担当者（スタッフや部下）から次のような不平や不満が聞かれる。

　・プロジェクトのルールがあっても，会社の標準に従わなくてはいけない。

　・プロジェクトでの役割や責任は増えても，権限がないので，忙しくなる

一方である。

- プロジェクトが計画どおりに進まないときに，プロジェクトの母体組織の管理者は，「人を増やす余裕はないので，今の要員でなんとかしなさい」と指示をする。

- プロジェクト・マネジャーは，母体組織の管理者のいいなりで，反論しないため，多くの変更要求を受け入れる。しかし，具体的な対策がないため，各要員の仕事が増える一方である。

- プロジェクトや業務の問題を上司に相談しても反応がない。

- プロジェクトチームや業務上の組織の中で，気の合わない人がいる。

- チームや組織の中に相談できる相手がいない。

- 上司は思いつきで仕事を振ってくる。

- 会議は多いが，なにも決まらない。

- 顧客から変更や追加の要求はあるが，納期は変わらない。

- 顧客は「早く，安く，良いものを提供してほしい」という要求を，条件も付けずに受け入れているので，結局担当者の仕事が増える。

　これらの発言や思いは，プロジェクトに限らず，日本の組織や社会ではよく聞かれる。しっかり話し合って，より良い方針を見出すことは必要であるが，簡単には解決しないことも多い。しかしながら，（プロジェクト）マネジメントによって解決できる可能性もある。1990 年代に発行された初期のプロジェクトマネジメントの解説書は，技術者にとって，参考にはなるがこれだけでプロジェクトをマネジメントできる内容ではなかった。しかし，その後，プロジェクトマネジメントは，さまざまな意見を取り入れ，理論と経験を多角的に組み込むことによって実用性の高い内容と水準になってきた。

　しかしながら，従来の日本型マネジメントとは違うマネジメントが，海外のプロジェクトでは適用されていることも認識しなければならない。欧米の思想や思考，行動は，日本とは異なるが，欧米から発信されるマネジメントの**国際標準化**が進行しているためである。国際標準化の内容をまず理解し，置かれた環境の下で応用し，実行していくことが日本人にとっても必要である。

1.3.2 社会問題とマネジメント

2018 年 4 月現在，国内外では大きな社会問題が起きている。以下に取り上げる 3 点の社会問題は（プロジェクト）マネジメントと関係が深い。

まず，国内の原子力の廃炉と再稼働は国家課題である。東京電力福島第一原子力発電所の事故原因は完全に解明されていないが，発生後も種々問題が発生している。現在，東京電力は，廃炉に向けて具体的な対策を講じている。廃炉の技術的解決に苦慮しており，格納容器や汚染した地下水からの放射能漏れを抑えるために，費用を抑制した効果的な工法を開発しなければならない。廃炉費用として 2018 年度は 2 183 億円 / 年（6 億円 / 日）を予算化した[†]。廃炉のための総費用は未定で，毎年の費用もさらに増えていく可能性が高い。住民や施設の補償も継続している。再稼働に関する国民世論の賛否は分かれている。

事故を防止するための**リスクマネジメント**は実施されていただろうか？ 事故発生当時，官邸や東京電力本社，発電所の現場でのコミュニケーションは，うまくマネジメントされていただろうか？ など，疑問は残る。また，対策や社会補償に伴う膨大な費用を調達しなければならない。コストや調達のマネジメントが必要である。利害関係者は，福島県の住民や避難者，東京電力社員，現地で除染作業をする作業員など，非常に多い。国民全体が利害関係者ともいえる。原子力の課題解決に向けて，政府や東京電力による利害関係者やコミュニケーションのマネジメントは，引き続ききわめて重要である。

次に，学校法人設立に対する官僚や政治家の関与が問題になっている。その経過が不明なため，行政文書の存在や書き換えの過程，情報公開が国会で争点になった。国会で「言った，言わない」などの不毛な議論は，文書化された記録がないか，あるいは公開されないために発生している。2011 年に施行した公文書管理法では，最終文書だけでなく，その過程も文書化して残すことになっている。この法の下で，ガイドラインや管理規則，細則が策定され，これらによって行政文書が管理されている。これらの文書は国民の知的資源である。し

[†] 「18 年度廃炉に 2 183 億円　福島第 1 原発，経産省承認」（東京新聞，2018 年 4 月 11 日）：今後 3 年間でも毎年増額する予算計画となっている。

かし，各省庁の細則などに従い，行政文書は 1 年未満で廃棄されたと報告された。

　これらの法令によれば，文書が存在しないのは合法に見える。しかし，これらの法令はすべて公開されていないので，なにが規定されているのか，どのような手順で誰が破棄や保管を承認するのかは定かではない。政府には，説明責任があり，できるだけこれらの法令は国民に公開されることが望ましい。また，承認者の規定や承認プロセスを記載した文書が存在すれば，そのプロセスを追えば，責任者や責任部署が明らかになる。その文書を公開しておけば，問題発生時に，第三者による調査が効率的に実施できる。マネジメントの視点では，文書管理を含むコミュニケーションや利害関係者のマネジメントができていなかった。**国際標準化機構**（ISO）による規格，**ISO 9001** では，文書の保管期限を決めることになっている。個人や組織の責任をあいまいにする日本の組織文化を変えなければ，問題の再発可能性は高い。

　最後に，日本の北朝鮮との外交問題，非核化と拉致被害者の救済，の解決への道筋はまだ不透明である。韓国と中国，アメリカは，北朝鮮への圧力から対話へと方針を変えている中で，圧力主体の日本の外交方針が問われている。北朝鮮の核弾道ミサイル開発は，アメリカとの外交問題に起因して発生した。しかし，アメリカは直接被害を受ける長距離核ミサイルの開発を放棄させる交渉の準備をしている。一方で，日本に届く中距離核ミサイルはすでに開発されている。北朝鮮の今後の行動は予測しにくいが，日本は，朝鮮半島の非核化に向けてリスクマネジメントを含む新たな外交を展開する時期を迎えている。日本がリスクを回避し，問題を解決するには，**コミュニケーションマネジメント**によって，北朝鮮に影響力のある関係国との協議や交渉を行い，彼らにも行動してもらう戦略が必要である†。

　すなわち，以上の社会問題も（プロジェクト）マネジメントと大きな関係があることがわかる。日本特有の組織文化の影響を理解した上で，適切なマネジ

---

†　朝鮮民主主義人民共和国（北朝鮮）の国務委員会委員長（朝鮮労働党委員長）・金正恩と大韓民国（韓国）の大統領・文在寅は，2018 年 4 月 27 日に板門店で首脳会談を行った。その後も，関係国によって朝鮮半島の非核化や平和への動きは進展している。

メントによる問題解決が望まれる。

　【問題 1.4】あなたの組織で進行中の内部と外部のプロジェクトを書き出し
　　なさい。

　【問題 1.5】仕事やプロジェクトでは，周りからどんな不平や不満が聞かれ
　　るか？ それはプロジェクトマネジメントと関係があるか？

　【問題 1.6】あなたが関わるプロジェクトのマネジメントに関する環境で，
　　最も起こりそうな問題はなにか？ それをどのように解決するか？

　【問題 1.7】各プロジェクトがうまくマネジメントされているかを評価しな
　　さい。プロジェクト間でマネジメントの水準や程度はどのように違う
　　か？

　【問題 1.8】プロジェクトマネジメントが適切に実施されるとあなたの組織
　　にはどのような変化が生じると考えるか？

　【問題 1.9】所属する組織に何人もの有能なプロジェクト・マネジャーがい
　　る。彼らがおのおの違った手法でマネジメントをするのは問題か？

　【問題 1.10】所属組織にプロジェクト管理システムがあるか？ もし必要なら
　　ば，なにを変えるべきか？

　【問題 1.11】あなたが実施しているプロジェクトは，どのような監視体制が
　　あるか？ プロジェクトの成功を判断する決定的な要因はなにか？

　【問題 1.12】具体的な社会問題を取り上げ，問題が発生した原因や対策とプ
　　ロジェクトマネジメントとの関係を説明しなさい。

1.4　プロジェクトマネジメントの進化

1.4.1　プロジェクトマネジメントの意義

　国際的なプロジェクトマネジメント手法は，広く適用できるプロジェクトマ
ネジメントの情報や実践方法の文書化と標準化を目的に開発されてきた。代表
的な『PMBOK ガイド』の意義は，以下に示すように大きく三つあると考えら
れる。

　① プロジェクトマネジメントの知識を体系化したこと

② プロセスをマネジメントすること

③ プロジェクトマネジメントの国際標準化

第一の意義は，「プロジェクトマネジメントの知識を体系化したこと」である。以前は，プロジェクトマネジメントといっても，その言葉の示す範囲や内容は統一されていなかったため，人によって解釈が異なった。マネジメントとコントロールさえも明確に区別して使われていなかった。また，ある人はスケジュール，また別の人は製品の原価をマネジメントすることが重要と考えた。『PMBOK ガイド』は，このように各人各様に着目したプロジェクトのマネジメントを **10 項目の知識領域**と**五つのプロセス**に整理し，体系立てた。

大学で**土木工学**を学び，就職後，社会基盤整備の設計や施工管理に関わった筆者の経験を振り返ると，大学までは，工学の基礎や理論を学び，実務でその応用を実践してきた。筆者が大学で学んだ 1980 年代前半は，コンクリート工学や構造力学，土質力学，水理学などが中心で，都市計画や交通工学はまだ比較的新しい分野であった。施工計画は，就職後，現場で勉強すべき対象であり，土木工学とプロジェクトマネジメントの関係は聞いたこともなかった。

就職後，電力会社では，水力発電所の現場で設計と施工管理を担当し，発注者としての管理を経験した。その後，建設コンサルタント会社で，海外の水力発電所やダムのプロジェクトに関わった。プロセスをマネジメントするために会社の所有する有形・無形の資源を利用して学習し，先輩の指導を受けながら，仕事の役割を担った。

勤めていた建設コンサルタント会社で，プロジェクトマネジメントという言葉を 1993 年に初めて聞いたときに，それは国内の建設現場での施工管理か品質管理のことかと思った。最近の土木学会や大学の土木系の学科の講義では，建設マネジメント分野でプロジェクトマネジメントを扱っている。歴史は古くないが，「プロジェクトをマネジメントすること」を，大学や就職後の社会において，段階を経て学習することは意義があると考える。また，建設や土木といった専門分野の視点だけでなく，一般教養として学習し，生活や実務に応用することもできる。

　第二の意義は，プロジェクトの結果よりもプロセスの重要性に着目して，「プロセスのマネジメント」を分析したことである。**図1.3**に示すように，プロジェクトマネジメントは，**投入（インプット）**，**工程（プロセス）**，**成果（アウトプット）**の大きな流れがあり，工程に対して**手法（ツールと技法）**の適用が提案されている。

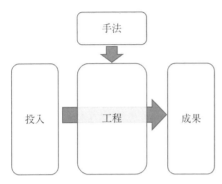

・投入：要求，計画，文書など
・手法：作業実施のツールと手続き
・工程：系統的な一連の作業
・成果：建設物，製品，報告書など

図1.3　プロジェクトマネジメントの構造と流れ

　従来のプロジェクトマネジメントは，製造業で主張されてきた**QCD管理**が中心であった。QCDはプロジェクト管理の3要素とも呼ばれており，quality（品質），cost（コスト，原価），delivery（時間，納期）という三つのゴールを定め，その具体的な目標に向かってプロジェクトをコントロールするというものである。しかし，目標だけを目指しても実際には達成できないことも多い。

　目標を達成するためには，そこに至る工程をマネジメントするべきであり，『PMBOKガイド』では**スコープ**，資源，リスク，コミュニケーション，調達，**利害関係者**および各要素の**統合**も明確なマネジメント対象としている。これらはプロジェクトの最終目標ではないが，プロジェクトの要求事項を満足するためにはそれぞれをマネジメントする必要があると考えている。通常，結果指向のゴールや目標はコントロールできないことが多い。例えば，「発注者からプロジェクトの成果の表彰を受ける」ことを目標としても，表彰数が限定され，他の組織が自社のプロジェクトチーム以上に優れた結果を出せば，受賞できなくなる。工程（プロセス）のマネジメントは2.4.2項「プロセスと結果」でも

説明する。

　工程のマネジメントで重要な視点は，変更管理である。政府による日本の社会基盤プロジェクトでは，一旦開発計画が策定されると，計画が変更されにくい傾向がある。開発計画の作成や承認には労力と時間がかかる。官公庁からすると，計画に従い，せっかく予算を確保できたのだから，それを守りたい，という方針となる。計画変更には時間がかかり，その間予算が使えない，という懸念も生じる。

　現代のプロジェクトマネジメントでは，プロジェクトに変更が生じるのは当然で，それを工程で細かくマネジメントしていく流れになっている。例えば，プロジェクトの立上げ段階から変更の可能性と対応を前提としている。プロジェクトの立上げ段階では，**プロジェクトスコープ記述書**を作成する。その中で，成果物を定義することになっている。その結果，プロジェクト目標や要求事項，利害関係者登録簿の変更が発生することもある。その場合には，スコープの変更をするために，要求事項や利害関係者登録簿の更新が必要となる。立上げ以降の工程で変更が発生することもある。変更が承認されたら，プロジェクトスコープ記述書を更新し，利害関係者に変更を伝える。

　上記は，問題なく実行できるような記述をしているが，日本やアジア諸国の建設プロジェクトで，スコープの変更や更新は容易ではない。変更工程には承認の手続きが必要になり，担当者が直属の上位者にボトムアップ方式で最終意思決定者まで説明していくことになる。あるいは，プロジェクト・マネジャーが，主要な利害関係者全員に説明することになる。プロジェクトの規模や内容によっては，役員会で承認も必要になる。アジア人には，「変更⇒誰かのミス⇒責任」という流れがあり，「関係者のメンツを汚すことは避けたい」，という意識があるように感じる。欧米人の思考は，「ミスは誰にもあることで，プロジェクトの成功のためには，変更や更新を決められた手順を経て，効率的に実行すべきである」であろうか。プロジェクトの変更・更新に対する思考は理解できるが，更新の手続きは組織の文化や思考，行動理念が異なると容易ではなくなる。

　最後の意義は，「プロジェクトマネジメントの国際標準化」を進めていることである。プロジェクトマネジメントは，まだ知識体系としては新しく，完成されたものではない。プロジェクトは，日常発生する小さなものから，社会基盤整備や宇宙のスペースシャトル開発などの大きなものまで，種類や規模はさまざまである。過去のさまざまなプロジェクトやマネジメントから得られた教訓を，計画（plan），実行（do），評価（check），対策（action），いわゆる**PDCA**の評価に活かして，定期的に『PMBOK ガイド』を改訂し続けている。第6版では，8 500 を超えるコメントを受けて，世界各国の実務者やボランティアから成る 100 名の基幹チームが作成に貢献した。数多くのプロジェクト・マネジャー経験者が，プロジェクト・マネジャーのために作成している。第6版では，戦略やビジネスに関する知識を追加している。従来，各分野や各場所で経験的に論じられ，実施されてきたプロジェクトマネジメントという概念が，知識体系化され，持続的に改訂されることによって，国際的に標準化されているといえる。海外でプロジェクトマネジメントに関わる技術者や関係者は，国際標準を理解していることが前提になるかもしれない。

1.4.2　プロジェクトマネジメントの体系

　結果ではなくプロセスベースのマネジメントでは，多数の工程を実施することで目的を実現する。このアプローチは，品質保証国際規格 ISO シリーズなど，他のマネジメント標準とも同じである。工程は，プロジェクトやその進行段階（フェーズ）の中で，重なり合い，相互に作用する。

　『PMBOK ガイド』は，**図1.4** に示すように，幅広いプロジェクトに適用可能な 10 項目の知識領域と五つの工程に分類している。10 項目の知識領域は，すべてを統合する領域と個々の九つの領域に分かれる。

　おのおののグループで構成される五つの工程は，次のとおりである。

　　① **立上げ工程**（initiating process）
　　② **計画工程**（planning process）
　　③ **実行工程**（executing process）

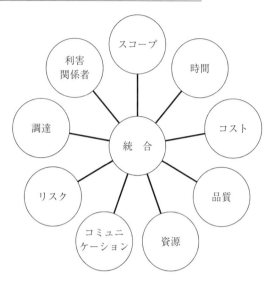

図1.4　プロジェクトマネジメントの知識領域

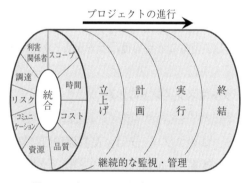

図1.5　プロジェクトマネジメントの体系

④ **監視・管理工程**（monitoring & controlling process）

⑤ **終結工程**（closing process）

　各知識領域は，プロジェクトマネジメントを効果的に実施するために必要な上記の工程を含む。**図1.5**のように10項目の知識領域と五つの工程グループを組み合わせると，プロジェクトマネジメントの全体像が理解できる。

　【問題1.13】『PMBOK ガイド』で体系化された10項目の知識領域を説明し

なさい。

【問題 1.14】 プロジェクトマネジメントの五つの工程を挙げなさい。

1.5　投入から成果まで

　各知識領域のマネジメント工程で，投入と手法，成果が規定されているので，複雑なマネジメント構造の理解を助けてくれる。ただし，日本のプロジェクトでは使用されない用語も多い。これらは，1.9 節「マネジメント用語」でも取り上げる。各知識のプロジェクトマネジメントでは，**プロジェクトへの環境要因**の影響を受け，**組織の工程用資源**が投入される。

　「プロジェクトへの環境要因」は，プロジェクトの成否に大きな影響を及ぼすプロジェクトの外部要因であり，母体組織の文化，体制，ガバナンスや資源，インフラ，外部の基準や標準，情報データベースのほかに市場の状況や政治情勢などを指す。政府や業界で定めた規制や基準，標準は，プロジェクトへの環境要因となる。監督官庁の規制（企業の登録資格など）や品質基準（ISO 9001 など），技術基準，製品企画などが含まれる。これらの要因は，プロジェクトの成否だけでなく，成果にも影響を及ぼす可能性がある。日本の組織の文化や体制，ガバナンスは，外国人にとって特異な側面があるので，彼らとチームを組むときに大きな影響を与える可能性があることに注意すべきである。この点は，2 章で解説する。

　「組織の工程用資源」は，プロジェクトの作業を実行するための，組織の方針と指針，手順，計画，手法，標準，知識基盤などである。政府や業界で定めた規制，基準，標準を基に母体組織で作成された方針や作業マニュアル（指針），規則，標準，テンプレートなどは，工程で用いる資源となる。これらは，組織の**工程と手順など**と**知識基盤**に分類される。「専門家の判断」や「会議」が工程での手法としてよく用いられる。

　プロジェクトを実施する組織の「工程と手順など」は，広範囲の要素を含み，プロジェクトのさまざまな側面に影響を与える可能性がある。その要素にはプロジェクトマネジメント方針や安全方針，実績測定基準，テンプレート，

財務管理，コミュニケーション方法，要求事項，問題や欠陥の処理手順，変更管理手順，リスクコントロール手順，作業認可手順などがある。

　組織の「知識基盤」は，教訓や工程測定データベース，過去のプロジェクト情報，組織が過去のプロジェクトで学習した情報などを指す。例えば，過去のプロジェクトのリスク実績測定値や**生産価値（アーンド・バリュー）**データ，スケジュールは，現在のプロジェクトにとって貴重な知識資源となる。過去のプロジェクトに関するこれらの情報は収集し，保管しておくべきである。

　【問題 1.15】「プロジェクトへの環境要因」と「組織の工程用資源」を説明しなさい。

1.6　プロジェクト組織

　プロジェクトを実施するための現実の組織形態は，**機能型組織，プロジェクト型組織，マトリックス型組織，混合型組織**の四つとなる。それぞれの組織形態に長所と短所がある。母体組織（企業）の基本的な構造である機能型組織を**図1.6**に示す。

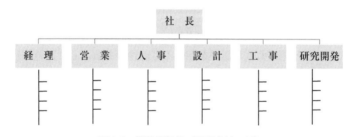

図1.6　機能型組織（建設会社の例）

　一つの部門が中心となってプロジェクトをする場合には，現存の機能型（ライン）組織をそのまま使うことができる。小規模プロジェクトでは，特定の機能に特化したプロジェクトを，その機能に関係するライン組織が引き受けることになる。プロジェクトの大部分の作業は，機能部門の中に組み込まれ，その部門内で完結するので，その部門長がプロジェクト・マネジャーを兼任することになる。

　プロジェクト型組織（**図 1.7**）とは，独立したチーム，あるいは**タスクフォース**（**作業部会**）として発足させるものである。チーム要員全員がプロジェクト・マネジャーの指揮下に入る。チーム要員は，プロジェクト期間中，他のマネジャーへの報告およびプロジェクト以外の仕事をする必要はない。その期間は，プロジェクトだけに集中し，役割を終えたら，他の仕事やプロジェクトへ異動することになる。

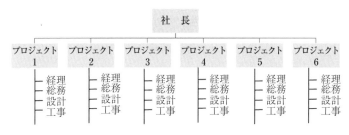

図 1.7　プロジェクト型組織（建設会社の例）

　プロジェクト型組織のうち直接型は，全チーム要員がプロジェクト・マネジャーに直属するもので，10 人程度以下の小規模プロジェクトに適している。プロジェクト型組織において，大規模プロジェクトでは間接型になり，プロジェクト・マネジャーの下にサブマネジャーや管理者を配し，彼らは要員やプロジェクトの一部分をマネジメントすることになる。大規模プロジェクトでは，会社組織における通常の機能型組織と同様に，重層構造となる。プロジェクト型組織は，政府の大型プロジェクトのほか，社会基盤やプラント建設の大規模プロジェクトでよく用いられる。これらのプロジェクトでは，プロジェクト型組織の長所が活きてくる。

　プロジェクトマネジメント技術の発展は，組織文化に大きな変革をもたらした。例えば，マトリックス型組織における**マトリックス・マネジメント**である。マトリックス・マネジメントでは，各チーム要員が複数の上司を持つことになる。マトリックス型組織のチーム要員は，組織内の権限 – 実行責任 – 結果責任の関係を複数にわたって引き受けるので，自ら調整しながら実行することになる。マトリックス型組織は，機能型組織の長所を保持しながらプロジェク

ト型組織の長所も活用しようとするものである。今日のビジネスではマトリックス型組織（**図** 1.8）がよく用いられる。

図 1.8　マトリックス型組織（建設会社の例）

　マトリックス型組織では，チーム要員を組織横断でさまざまな部門から集め，明確なプロジェクトチームを立上げる。各プロジェクトには１人のプロジェクト・マネジャーが任命され，他の仕事とは独立して集中的に実施する。プロジェクト・マネジャーは上位の経営陣の指揮下あるいは，プロジェクトに最大の利害を有する機能部門マネジャーの指揮下に入る。しかしながら，チーム要員は機能部門へも報告義務があり，その部門の定常業務もこなすことになる。複数のプロジェクトに参加することもある。マトリックス型組織では，プロジェクトの主要な要員がともに仕事をするので，プロジェクト型組織に見られるような調整の問題は少なくなる。

　マトリックス型組織では，要員が複数の上司，複数の役割，複数の優先課題を持つことになる。マトリックス型組織で行うプロジェクトでは，マネジメントの責任や権限はプロジェクト期間に限定され，力量によっては，あるプロジェクトのマネジャーや管理者が別のプロジェクトでは一要員として参加するということもある。マトリックス型組織でプロジェクト・マネジャーと**機能部門マネジャー**との関係が良くないと，要員の担当作業や優先順位をめぐって対立が起こることもある。マトリックス型組織では，組織内の要員の人間関係も複雑になる。

　母体組織によっては事業目標の達成のために，機能型組織とプロジェクト型組織，マトリックス型組織の３種類を混在させているところもある。また，広

範囲で複雑なプロジェクトをかかえる母体組織では，**プロジェクト・マネジメント・オフィス**（**project management office**，**PMO**）を設置してプロジェクトの運営を支援することもある。PMO の要員が個々のプロジェクトの計画・実行のために，専門知識を提供したり，助言したりする。また，PMO を部門として独立させ，専任のプロジェクト・マネジャーや要員を配して，プロジェクト運営にあたらせる母体組織もある。

　一つのプロジェクトが複数のサブプロジェクトで構成されると，混合型組織で実施されることが多い。高速鉄道建設プロジェクトでは，列車製造は一つのプロジェクトであり，駅や軌道の建設は別のプロジェクトとなる。そして個々のプロジェクトごとに要員を組織化する。そして，こうしたすべてのプロジェクトが同時に終了し，高速鉄道が計画どおりに運転開始できるように全体を調整する責任者は別に存在する。チーム要員の構成や組織構造も，プロジェクトごとにまったく違うものとなる。プロジェクトの集合体はプログラムと定義されるので，高速鉄道建設プロジェクトは，プログラムあるいはプログラムの集合体と考えられる。

　プロジェクトの組織とその特徴は**図 1.9** のように整理される。プロジェクトの規模や複雑さに応じて，適合する組織型も変わる。プロジェクト・マネジャーの権限は機能型，マトリックス型，プロジェクト型の順番に大きくなる。プロジェクト・マネジャーの役割は，機能型ではプロジェクト型に比べ

図 1.9　プロジェクトの組織と特徴

て，プロジェクト以外の業務に関する調整がより必要となってくる。また，チーム要員がプロジェクトに専任で参加する度合も同様な順序で増えてくる。

　混合型組織には，マトリックス型組織の長所と短所の大半があてはまる。混合型組織に特有の問題としては，複雑な組織で作業を進めるために，要求事項も多くなり，戦略も含む高度なマネジメントが必要になることである。その結果，マネジャーがこうした複雑な状況をマネジメントできなくなると，作業の重複や手戻り，組織や要員間の摩擦や混乱，対立などが起こる可能性が増える。

【問題 1.16】あなたが参加したプロジェクトの組織構造を説明しなさい。

【問題 1.17】各組織構造におけるプロジェクト・マネジャーの権限を区別し，説明しなさい。

1.7　プロジェクト・ライフサイクル

プロジェクト・ライフサイクルとはプロジェクトの立上げから終結に至るまでの一連のプロジェクトの進行段階を意味する。プロジェクトをマネジメントする場合に，特にプロジェクト・マネジャーは，プロジェクト・ライフサイクルを理解し，立上げから終結まで，現在がどの時点にあるかを認識しなければならない。建設プロジェクトでは，所長やプロジェクト・マネジャーは，工程や見積が計画と現時点でどの程度差異が生じているかを，つねに監視・管理し，問題があると判断したら，変更管理手順に従って対策を実行する。

　プロジェクトにはさまざまな規模や複雑さのものがあるが，すべてのプロジェクトのライフサイクルは**図 1.10** で表示することができる。そのライフサイクルは，プロジェクトの立上げ，計画（組織構築と準備），実行，終結の順序で進む。この一般的なライフサイクルの構成はプロジェクトの詳細に精通していない経営者層や他の業務部門への説明によく利用される。

　プロジェクト・ライフサイクルの例として，**図 1.11** に社会基盤プロジェクトの構想・計画から工事，維持管理，更新の手順とおもな利害関係者を示す。

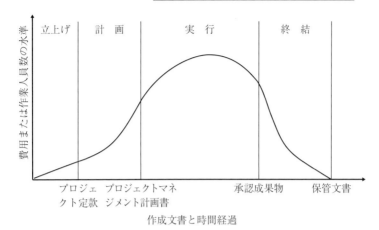

図1.10　プロジェクト・ライフサイクルにおける時間と成果，費用などの関係

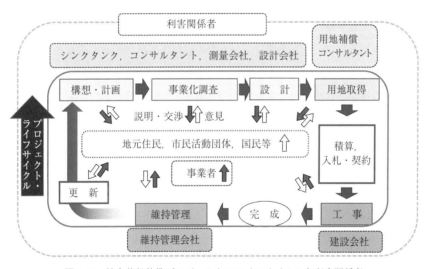

図1.11　社会基盤整備プロジェクトのライフサイクルと利害関係者

通常，この中の事業化調査や設計だけを対象としたプロジェクトも形成され，そのプロジェクト内でライフサイクルが生じる。また，社会基盤整備の設計は，1回だけで完了するのではなく，予備（基本），事業評価（概略），詳細（実施）の順序で，複数回実施される。

　また，プロジェクト・ライフサイクルはプロジェクトで生産・建設された

り，修理される製造物や建設物などの**生産物ライフサイクル**とは別のものである。プロジェクトでは生産物ライフサイクルの現時点の進行段階を考慮しなければならない。現在のプロジェクトの進行段階がどこに位置付けられるかを設計者や発注者は理解する必要がある。

【**問題1.18**】プロジェクト・ライフサイクルと生産物ライフサイクルの違いを説明しなさい。

1.8　プロジェクト・マネジャーはスーパーマン

1.8.1　プロジェクト・マネジャーの役割

プロジェクト・マネジャーは，自らの知識とスキルを用いて，工程をマネジメントし，顧客の要求事項を満足させる。プロジェクトを成功させるための大きな責任を有する。プロジェクト・マネジャーはプロジェクト目標を達成することに責任を持つチームを率いていくために母体組織が任命する人物である。プロジェクト・マネジャーの役割は，機能部門マネジャーや定常業務マネジャーの役割とはまったく異なるものである。一般に機能部門マネジャーは機能部門または事業部門を管理することに注力し，定常業務マネジャーは事業運営が確実で効率的であることに責任を持つ。

組織構造によってはプロジェクト・マネジャーが機能部門マネジャーに対して報告義務を負うことがある。このような組織構造の場合，プロジェクト・マネジャーはプロジェクト目標を達成し，包括的なプログラム計画にプロジェクトマネジメント計画を確実に整合させるために，プログラム・マネジャーや**ポートフォリオ・マネジャー**と緊密な連携をとる†。プロジェクト・マネジャーは，ビジネス分析者や品質保証マネジャー，各領域の専門家とも緊密に連携を図り，協力・協調しながら，作業を実施する。

---

† ポートフォリオは，プロジェクト，プログラム，定常業務，サブポートフォリオの集合体である。ポートフォリオの下の集合体としてサブポートフォリオがある。ポートフォリオは，チームで実行するのではなく，会社や役所などの組織が立てた戦略的な事業目標に従って実行することになる。

1.4.2項に述べた10項目の知識領域のさまざまなプロジェクトマネジメントにおいて，近年，重要性を増しているのは，リスクマネジメントである。すでにわかっているリスクだけでなく，つねに新たなリスクを抽出し，そのリスクに対して対策を実行していく。知識だけでなく，勇気と実行力がなければプロジェクト・マネジャーは務まらない。

1.8.2 責任と能力

一般にプロジェクト・マネジャーは仕事やチーム，個人のそれぞれの要求をすべて満たす責任を負う。プロジェクトは，母体組織の存続と成長にとって不可欠であるため，プロジェクトマネジメントは，母体組織にとって戦略的にきわめて重要な分野となる。企業にとって，環境や競争，市場の変化への対応を効果的・効率的に実施するためのビジネス戦略に，プロジェクトは用いられる。すなわち，プロジェクトは，企業にとって，プロセスの改善という価値を創造し，新しい生産物やサービスの開発においては不可欠である。したがって，プロジェクト・マネジャーの役割は戦略的になっていく。しかしながら実務慣行として認められている知識やツール，技法の理解や適用だけでは効果的なプロジェクトマネジメントを行えない。

効果的なプロジェクトマネジメントを実践するためには，プロジェクト・マネジャーは，特定分野の技術力とプロジェクトに必要な一般的なマネジメント能力を習得するとともに，手法やビジネスに関する知識や実行能力，**リーダーシップ**を発揮できる人間性を身につける必要がある。

そのために，プロジェクト・マネジャーには，問題解決能力と自己に対する規律（自己管理）のスキルが求められる[5]。プロジェクト・マネジャーがすべきことは，以下である。

- ・計画し，実行する。すなわち，目標設定・計画策定を実施し，実行・管理の活動を行う。
- ・プロジェクトの着地点に焦点を絞る。途中の作業の数量よりも，成果物を予測する。

・マネジャーとリーダーの2役を演じる。前向きな姿勢でプロジェクト
を指揮し，メンバーの信頼と尊敬を得なければならない。

プロジェクト・マネジャーは，チームや現場組織の要員を率いるリーダー
と，業務を着実に遂行するマネジャーの両者を演じる。リーダーシップとは，
次に示すように，特にプロジェクト・マネジャーに求められる資質や能力であ
る。

・理念を示す。

・それに従い，目標値やすべきことを定める。

・チームや組織を構築する。

・働きに応じた成果・フィードバックの仕組みを作る。

・利害関係者と効果的なコミュニケーションを行う。

・予期しなかったリスクに冷静に対応する。

リスクマネジメントは，建設プロジェクトでも重要になっている。発電所や
ダム建設のプロジェクトで大きなリスクの一つは，地質を含む土木分野であ
る。基礎の地質調査結果と実際との違いや工期遅延，費用増加など，土木分野
で発生する確率や損失は，一般に電気・機械分野よりも大きい。そのために，
契約を理解し，組織をまとめ，関係者と利害を調整する必要も出てくる。した
がって，これらの社会基盤プロジェクトでは，土木技術者が，通常プロジェク
ト・マネジャーになる。

自分の専門分野で経験を積むことによって，他分野でもプロジェクト・マネ
ジャーをすることが可能になる。自分で対応できない技術分野は，その専門家
にまかせることができる。以前，筆者が勤めていた電力会社の上司は，「技術
者である以上，だれにも負けない技術を一つ持て」と部下にいっていた。電力
会社では，管理業務が多いので，技術研究所か建設現場で研究する機会を与え
てもらわないと，そのような技術を身につけることは難しい。むしろ，発注者
としてはマネジメント技術を一つでも身につけたほうが，発電所の建設プロ
ジェクトや維持管理には役に立つと思われる。発注者の立場では，技術を理解
することは必要であるが，最新の技術を身につけることは容易ではない。マネ

ジメントの経験を積み重ね，さまざまなマネジメントの技能を習得すること
で，優れたプロジェクト・マネジャーに近づくことができる。

1.8.3 人間関係の技術

プロジェクト・マネジャーはプロジェクトチームや他の利害関係者を通して
業務をなし遂げる。有能なプロジェクト・マネジャーはさまざまな状況に適切
に対応するために，技術や倫理，人間関係などの技能を身につけることが求め
られる。ドラッカーも，組織を率いるリーダーは，コミュニケーション能力が
重要であり，まず，人の意見を聞く意欲，能力，姿勢，さらに自らの意見を理
解してもらう意欲が大切であることを指摘した[3]。

プロジェクト・マネジャーは，ある分野の専門性よりも物事を広く浅く知っ
ていることのほうが重要かもしれない。また，高いコミュニケーション能力が
つねに求められるし，優れたプロジェクト・マネジャーは，コミュニケーショ
ン能力が高い。社会基盤整備など大規模なプロジェクトでは，さまざまな利害
関係者が存在し，ときには彼らにとって好ましくない決断をすることもあれ
ば，プロジェクトに忠誠心がないメンバーのやる気を引き出すことも必要とな
る。

建設工事プロジェクトでは，現場所長は，相手に応じてきめ細かくコミュニ
ケーションを行う。現場所長は，下請や孫請を含む作業員に対して，プロジェ
クトマネジメントで使用される難解なカタカナ語や技術専門用語を使わずに，
理解しやすい言葉で説明しなければならない。一方で，発注者に対しては，必
要に応じて専門用語を解説しながら，効率よく説明しなければならない。

国内のプロジェクトだけしか経験のないプロジェクト・マネジャーが，海外
で多様な要員から構成されるチームをマネジメントするとなると，彼らのさま
ざまな考え方や行動の違いに戸惑うことになる。彼らとどのようなコミュニ
ケーションを取り，プロジェクトマネジメントしていくか，大いに悩む可能性
がある。しかし，国内の経験だけに頼って，コミュニケーションしたり，独断
で判断すると，トラブルが発生しかねないので，新たな技能の習得が必要とな

る。

【問題 1.19】 プロジェクト・マネジャーの重要な役割はなにか？

【問題 1.20】 プロジェクト・マネジャーに必要な資質や能力はなにか？

【問題 1.21】 プロジェクト・マネジャーに求められるリーダーシップを説明しなさい。

【問題 1.22】 優れたプロジェクト・マネジャーが持たなければならない人間関係のマネジメント技術を説明しなさい。

1.9　マネジメント用語

1.9.1　マネジメントとコントロール

マネジメント用語は，直訳としてのカタカナ表記が少なくない。そもそも日本語として十分に定着していない用語もある。欧米では当然のように使われている言葉でも，日本人には理解しづらい用語もある。中には**クレーム**など英語本来と異なる意味で使っていることもある。欧米の思想や思考にも関連するので，海外プロジェクトに関わる場合には注意し，理解すべきである。

まず，マネジメントとコントロールは十分に理解して使い分けられているだろうか？ すでに述べたように，マネジメントは，プロジェクトとセットでなく，一般に使用される。日本語では，管理や監理と訳される。しかし，コントロールも和訳すると，管理になる。マネジメントとコントロールは，漢字では両者に「管理」が使われている。国語辞典で，監理は，「監督下において管理すること。取り締まること。Supervision.【用例】建築工事の監理」[6] と説明されている。技術士の総合技術監理の監理は，マネジメントに近いと考えられる。ただし，現場の**工事管理**（**supervision**）よりも広範な概念を表すので，辞典の説明とは一致しない。

慣用的には，コントロールは自力で，あるいは狭い範囲の対象について「管理」し，マネジメントは，自分だけでなくチームや組織で，広い範囲の対象を「管理」することに使用されているようである。野球で，ボールやバットをコントロールする，というが，マネジメントするとはいわない。野球チームには

コントロールもマネジメントも使われる。現状では，両者はあまり明確に区別して使われていないようである。

1.2 節で述べたプロジェクトマネジメントの定義に対して，「コントロール」は，『PMBOK ガイド』では以下のように定義されている。

「計画と実績の比較，差異の分析，プロセス改善のための方向性の判断，代替案の評価，および必要に応じて適切な是正処置の提言を行うこと。」

両者で随分と意味は違っている。コントロールは，マネジメントの一部であり，プロジェクトの立上げ・計画段階以降の実行段階でおもに実施されることになる。コントロールはモニタリング（監視）と併せて使用されることも多い。建設プロジェクトでは，施工管理や維持管理は使うが，計画管理や設計管理はまず使われない。計画や設計はマネジメントしなければならないが，施工や維持は，コントロールする意識が強いためと考えられる。本書では，「マネジメント」を直接使用し，コントロールは，「管理」と記する。

1.9.2 専 門 用 語

プロセスは，プロジェクトが進行している過程であり，工程ともいわれる。品質管理は「工程」管理が重要である，というように使われてきた。ただし，スケジュールも工程といわれる。スケジュールコントロールは，工程管理と表現できる。プロジェクトマネジメントでは，全プロセスのマネジメントに着目しており，スケジュールコントロールは，時間マネジメントの一部に過ぎない。建設プロジェクトでは，両者の意味で用いられている。対象プロジェクトのマネジメントでは，工程管理は，どちらの意味で使用されているかを明確にしたほうがよい。本書では，スケジュールではなく，プロジェクトでのプロセスを「工程」と記する[†]。

プロジェクトマネジメントでは，各工程で，インプットとアウトプットがある。インプットは投入，アウトプットは成果である。それぞれ，有形と無形の

[†]　本書では，一連の作業を，プロジェクトではなく，一般的に物事の手順や過程として用いる場合には「プロセス」とも表現する。

ものがある。建設工事プロジェクトでは，アウトプットやパフォーマンスが出来高の意味で使用される。**アクティビティ（activity）**は，各工程で実施される作業を指し，**タスク（仕事，業務）**と呼ばれることもある。

　プロジェクトマネジメントで投入される**アセット**（asset）とは，資源や資産であり，具体的には人材や資金，物資である。建設工事プロジェクトの資源は，人材（労務），材料，機械に分類される。材料は，工事に用いる材料や消耗品で，機械は，建設機械や一般車両である。資源は，有形または無形であり，マネジメントに役に立つマニュアルや資料，ノウハウ，技法が含まれる。本書では，工程で用いられる資源を**工程用資源**と記する。

　ツールと技法は，工程で用いられる。ツールが有形で，技法が無形に相当すると考えられる。本書では，両者をまとめて「手法」と記する。

　スコープは，それだけでマネジメントの対象となる重要な領域である。しかし，スコープという言葉も日本人には比較的なじみがない。プロジェクトのスコープとは，プロジェクトが生み出すべき，特定の機能や品質を持った生産物やサービス，成果と，それらを生み出すために実行しなければならない作業を表す。道路建設プロジェクトであれば，どこからどこまで延長何 km，どのような水準（仕様）の道路を建設するかが契約書に記載される。この延長や水準を満足する道路を建設する工事がスコープとなる。

　ステークホルダー（stakeholder）は，利害関係者である。日本語でも「ステークホルダー」という名称が一般化してきた。元々は，「掛け金の保管人」という意味で使われていた。近年になって，株主や社員，顧客，債権者，投資家など「企業の利害関係者」（one that has a stake in an enterprise）のことをstakeholder と呼ぶようになった[7]。プロジェクトマネジメントでは，「プロジェクトの利害関係者」として用いる。

　【問題 1.23】マネジメントとコントロールの違いを説明しなさい。

　【問題 1.24】あなたが関わったプロジェクトのスコープを説明しなさい。

2章　日本の組織文化の影響

　本章では，日本の組織文化がプロジェクトマネジメントに及ぼす影響を解説する。日本の文化や思考は世界の中で特異性があり，国内での仕事やプロジェクトにおける日本人の常識は，世界では通じないことも多い。国内で外国人とプロジェクトチームを組むことや海外のプロジェクトに参加することは，今後，日本人にとって増えてくると予想される。マネジメントに関連する認識も自らの経験だけにこだわってはいけない。

　多国籍要員からなる国際的なプロジェクトに参加し，マネジメントをうまく活用してプロジェクトを成功させるには，まず，プロジェクトへの日本固有の環境要因を理解する必要がある。

2.1　多様な国際社会

2.1.1　ホフステッド指数

　国内外で国際化（グローバリゼーション）は進んでいる。格安航空による海外便も増えており，安く気軽に海外に出かけられる時代となった。日本人が国内外で外国人と交流したり，仕事をする機会も増えている。グローバルなプロジェクトでは，多様な民族や人種，多国籍の人々が利害関係者となる。一方で，マネジメントに限らず，日本の常識は海外で通用しないこともよく報告されている。筆者も，海外での仕事を通して，外国人の考え方や行動が日本人と違うことを知った。これまでのさまざまな研究成果から日本の特異性を理解しておくことは実務でも役立つ。

　ヘールト・ホフステッドは，アメリカ IBM 社の世界 40 か国 11 万人の従業員に行動様式と価値観に関するアンケート調査を行い，1980 年にはその国の文化と国民性を数値で表すことのできる**ホフステッド指数**を開発した[1]。現在，

その指標は，次の6次元の**国家文化モデル**に基づく[†]。

〔1〕**権力格差**（**power distance**）

〔2〕**個人主義**（**individualism**）

〔3〕**男性度**（**masculinity**）

〔4〕**不確実性の回避**（**uncertainty avoidance**）

〔5〕**長期志向**（**long-term orientation**）

〔6〕**放縦対抑制**（**indulgence versus restraint**）

以下にホフステッドが分析した各文化次元を説明する。

〔1〕**権力格差**（power distance）

第一の文化次元が，権力格差であり，社会的不平等への対応の仕方を意味する。これは，**権力格差指数**（**power distance index，PDI**）で示され，その数値が高いと，権力格差が大きいことを認めていることを表す。

権力の格差を「それぞれの国の制度や組織において，権力の弱い成員が，権力が不平等に分布している状態を予期し，受け入れている程度」と定義している。イギリスのような権力格差の小さい国では，人々の間の不平等は最小限度に抑えられる傾向にあり，権限分散の傾向が強く，部下は上司が意思決定を行う前に相談されることを期待する。このため特権やステータスシンボルといったものはあまり見受けられない。これに対し権力格差の大きい国では，人々の間に不平等があることは当然と考えられており，権力弱者が支配者に依存する傾向が強く，権力集中はむしろ当たり前のことで，給料や特権，社会的身分の面で部下と上司には大きな隔たりがある。

〔2〕**個人主義**（individualism）

第二の文化次元が**個人主義対集団主義**（**individualism versus collectivism**）であり，**個人主義指標**（**individualism index，IDV**）で示される。数値が高いほど，個人主義が強い傾向にあり，対極は集団主義的傾向である。

[†]　当初は（1）権力格差（power distance），（2）個人主義（individualism），（3）男性度（masculinity），（4）不確実性の回避（uncertainty avoidance）の4項目であったが，その後追加された。

　個人主義を特徴とする社会では，個人と個人の結びつきはゆるやかである。イギリスなど欧米諸国では，自分を取り巻く家族や会社などの集団への忠誠や帰属よりも，個人の意識が強い。その対極の集団主義を特徴とする社会では，人は生まれたときから，要員同士の結び付きの強い内集団に統合され，無条件の忠誠を誓う限り，人はその集団から生涯にわたって保護される。日本やインド，中国といった国がこれにあてはまる。強い集団主義を特徴とする国々では，雇用者が従業員やその家族に責任を負うことを期待される傾向が強くなる。

〔3〕 **男性度**（masculinity）

　第三の文化次元が**男性的対女性的**（**masculinity versus femininity**）であり，**男性度指標**（**masculinity index**，**MAS**）で示される。給与の高さや承認，昇進，やりがいの設問項目で男性度の数値が高く，他方，上司との関係，協力，居住地，雇用の保障の設問項目で女性度の数値が高いということが一貫して見られたため，この次元は，MAS と命名された。数値が高ければ，その社会で男性のほうが女性より優位であり，女性の社会進出度合いが低く，組織での管理職が少ないことになる。

　ホフステッドは，「男性らしさを特徴とする社会では，社会生活のうえで男女の性別役割がはっきりと分かれている。女性らしさを特徴とする社会では，社会生活のうえで男女の性別役割が重なり合っている」と考えた。

〔4〕 **不確実性の回避**（uncertainty avoidance）

　第四の文化次元が不確実性の回避の強弱であり，**不確実性の回避指標**（**uncertainty avoidance index**，**UAI**）で示される。不確実性とは「ある文化の成員が不確実な状況や未知の状況に対して脅威を感じる程度」である。数値が高いとリスクを取ることを嫌い，数値が低いとリスクを取って挑戦することを好む。不確実な状況や未知の状況に対して不安を感じる程度を示すともいえる。

　強固な社会構造が必要とされる社会は，未知のものに恐怖を感じ，不確実性を回避しようという意識が高い傾向にある。不確実性回避志向が低い国（イギ

リスなど）では常態とは違うことを危険とは考えないが，それが高い社会では
人々は未知のものにさらされる機会を極力減らそうとし，ルールやシステムを
課すことにより秩序や一貫性を取り戻し，リスクを限定しようとする。同じ現
象は組織においても見られる。例えば，ルールや従属が必要とされる組織には
ピラミッド型の組織構造が生まれがちである。

〔5〕 **長期志向**（long-term orientation）

　第五の文化次元が**長期志向対短期志向**（**long-term versus short-term
orientation**）であり，**長期志向指標**（**long-term orientation index，LTO**）
で示される。**実用主義傾向**（**pragmatic**）あるいは長期志向の程度が高いと数
値が高くなる。長期的な視点を持って，物事を考えたり，行動するかどうかを
示す。対極は短期志向で，規範的，原則主義的である。

　LTO によって，家族関係や学業，経済成長，政治，宗教を説明する。例え
ば，LTO の数値が高いほど中等教育における数学や理科の成績も良く，また
数値が高かったアジアの「ファイブ・ドラゴン」（台湾，韓国，シンガポール，
香港，日本）の経済成長率は 1970 年以降高かった[1]。

〔6〕 **放縦対抑制**（indulgence versus restraint）

　最後の第六の文化次元は，**放縦対抑制**（**indulgence versus restraint**）で
あり，**放縦対抑制指標**（**indulgence versus restraint index，IVR**）で示され
る。IVR の数値が高いほど放縦的で，低いほど抑制的ということになる。「放
縦」とは，人は自分で満足できるように行動し，お金を使い，友人と一緒にあ
るいは 1 人でくつろぎ，楽しめるような活動が大切であるという考え方であ
る。他方の「抑制」とは，人の行動はさまざまな社会的な規範や禁忌によって
制限され，くつろいで楽しむことや浪費あるいは道楽は，付属的で本質的では
ないという考え方である[2]。

　日本とアジア，欧米の一部の国々を対象に，公開データを用いてホフステッ
ド指数を算定した結果を**図 2.1** に示す[3]。ホフステッド指数の日本の順位から
は，相対的に以下のように考察できる。

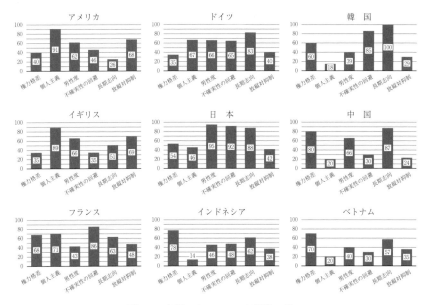

図2.1 各国のホフステッド指数の違い

① 権力格差：日本は，51位（78か国・地域中）であり，平均をやや下回
る。権力格差をあまり感じていないことを示す。

② 個人主義：日本は，38位（78か国・地域中）で，ほぼ平均。個人主義
でも集団主義でもないことを示す。

③ 男性度：日本は，12位（78か国・地域中）で，相当高い。男性優位の
社会といえる。

④ 不確実性の回避：日本は，12位（78か国・地域中）で，相当高い。安
定志向である。

⑤ 長期志向：日本は，3位（96か国・地域中）で，著しく高い。長期志
向で，人間関係や信頼関係を重視する。

⑥ 放縦対抑制：日本は，53位（97か国・地域中）で，平均よりやや低
い。やや抑制的といえる。

2.1.2　日本の文化次元

ホフステッドの六つの文化次元で比較すると，日本は，以下の特徴がある。

① 社会・組織での権力格差をそれほど意識しない。権力格差はアジアで比較的高く，欧米では低いがフランスは高い。中国やロシア，ベトナムの社会主義国は高い。

② 国際的な水準で比較すると，個人主義でも集団主義でもない。個人主義は欧米で高く，アジアで低い。アジアは集団主義傾向が高い。権力格差と集団主義には相関が認められる。

③ 著しく男性中心の社会である。女性の社会進出は遅れており，管理職の比率も少なく，女性にとって不平等な状況となっている。ヨーロッパでは女性の社会進出は進んでいるが，アジアでも同様に差別の少ない国は多い。

④ 不確実性を回避する安定志向である。リスクを回避する傾向が現れている。国家間で大きな違いがあり，日本は特に高い。アジアでは，韓国やタイが安定志向だが，中国やベトナムは挑戦的である。

⑤ 長期志向である。アジアはこの傾向が強いが，アメリカやイギリスは短期志向である。契約よりも人間関係を重視する傾向の違いとも考えられる。

⑥ やや禁欲・抑制的といえる。アジア人は抑制的な傾向がある。社会主義の中国やロシア，ベトナムでも抑制的な傾向が見られる。政治の影響も大きいと考えられる。

　上記のうち，①と②の結果は意外な印象を受ける。日本人の社会・組織には，権力格差があり，日本人は集団主義である，と思いがちであるが，いずれもその傾向は不明瞭である。これらはどのように解釈したらよいだろうか？

　上記①の権力格差の結果は，日本人が，「欧米に比べて，社会における不平等が権力格差を生み出しているとあまり感じていない」ことを表している。国別で比較すると，アメリカやイギリス，ドイツよりも権力格差を感じているが，アジア諸国よりは格差を感じていないという水準である。日本よりも，ア

ジア諸国や社会主義国では，国民は権力格差を強く意識している。民主主義の水準とも関係がありそうである。後述するように，日本は，他国に比べて女性に対する不平等は顕著であるが，それを意識してこなかったし，不平等を政治が社会保障や優遇税制などのセーフティーネットで対処してきたともいえる。一方で，まだ中流意識の国民が多く，行政に従順な国民性により，不平等を仕方なく受け入れている状況も考えられる。

　上記 ② の個人主義については，アジア諸国の中では，日本は個人主義が強い傾向が見られる。集団主義か個人主義かは，アジア諸国と欧米の大国（ロシアなど除く）では極端に差があり，アジアは集団主義的である。

　近年，日本では，若年層に集団行動よりも個人行動を好む傾向が見られる。少子高齢化で一人子も増え，大事に育てられる。対立や衝突を避け，配慮や協調を好む傾向もある。「出る杭は打たれる」や「空気を読む」，「長いものに巻かれる」などの集団的志向は以前から変わっていない。このような伝統的な思考の違いはアジアと欧米では顕著である。

　上記 ③ の男性優位の不平等社会は，国際社会での日本の特徴である。企業において，多くの諸外国では 2 人または 3 人に 1 人は女性の管理職であるが，日本では 10 人に 1 人である[†]。女性活躍推進法を整備したにも関わらず，不平等は改善されていない。企業や官公庁での，男性中心の一括採用・社内育成型の雇用慣行が，制度として残り，新しい雇用モデルがまだ構築できていない。男女の賃金格差も大きく，これは女性が管理職についていないことのほか，育児による離職が最も大きな影響を与えている。育児退職後は，フルタイムだった女性がパートタイム勤務に戻ることが多く，中長期的なキャリア形成も妨げている。

　したがって，日本の文化次元の特徴は以下のようにまとめられる。日本は，きわめて男性中心社会で，日本人は安定志向・長期志向である。権力格差をそ

[†] 　引用・参考文献 4）。世界経済フォーラムのジェンダーギャップ・インデックスにおいても，2016 年は 144 か国中 111 位であった。その前年は 101 位であるから，女性活躍推進法を整備したにも関わらず，順位が下がっている。

れほど感じず，抑圧と自由のバランスを取りながら，組織の中で自分の置かれた立場にある程度満足している。全体的には，欧米やアジアの諸国とも異なる傾向があるが，ドイツなどとは比較的似た傾向を有する。

2.1.3　日本の組織文化

　民主主義の歴史が長い欧米諸国は，チームで仕事をする際に，日本に比べて年齢や肩書，立場にこだわらない傾向がある。日本は，大企業や役所の組織やチームでは，肩書に従ったピラミッド構造となりやすい。上司の顔色を見ながら発言したり，行動する傾向がある。一方で，欧米諸国は，年齢や肩書よりも能力や適性に応じて，組織やチームを編成する傾向が見られる。

　日本の民間企業や官公庁では，機能型組織を基本としており，指示は上から順に下に伝えられる。指示に対する連絡や報告は，下から上へ伝えられる。プロジェクトが発足すると，プロジェクトチームが組織され，大きなプロジェクトでは独立した組織が形成されるが，一般にマトリックス構造となる傾向がある。その場合の組織は，チーム要員にとって，上司や部下が増え，構造が複雑になる。その要員の責任と権限や，従うべき規則や基準を明確にしないと，要員は混乱する。

　当然ではあるが，組織での上位者はその役職で必要な知識や能力を有するべきであり，適切な人事がなされるべきである。社会基盤整備のような大きなプロジェクトでは，計画や設計段階から組織的な助言やチェック機能が必要である。そのような機能が健全に働くような組織編成は大事である。すなわち，個人の能力に基づくプロジェクトチーム作りとプロジェクトによる母体組織構造の変化，プロジェクトの変更への柔軟な対応は，プロジェクトが成功するための条件となる。

　日本人は，周りの人や所属する組織に迷惑をかけずに行動をしようとする意識が強い。自分の持つ権利を行使し，主張することよりも，組織の中で我慢して協調する。欧米では，自分の意見が正しいと思ったり，上司であろうと指示がおかしいと思ったら，自己主張したり，あるいは，直接の上司を超えてその

上の管理者に意見をいうことも少なくない。欧米人は，不明な点があれば理解
できるまで解明し，意見の異なる相手とは自分の意見を主張し，議論し合う。
合理的で論理的な自己主張は，自分の存在価値を相手に認めさせる行為と考え
ている。

　日本の企業や組織では，「責任ばかり増えて，権限がない」という不満はよ
く聞かれる。それは，日本だけの話ではないかもしれない。ドラッカーも「責
任なき権限に正統性はなく，権限なき責任にも正統性はない。いずれも専制の
原因となる」と指摘している[5]。企業や組織で，責任は取らず権限だけ主張す
るような管理職や経営者が存在すると，その企業や組織はうまく機能しなくな
る。専制的な行為は，**基本的人権**も侵害しかねない。

【**問題 2.1**】外国人と異なる日本人の思考や行動の特徴を，あなたが外国人
　　　　と接した経験に基づいて説明しなさい。

【**問題 2.2**】日本の社会は，男性優位であると感じたことはあるか？　それは
　　　　どんな場面で感じたかを説明しなさい。

【**問題 2.3**】日本人は，長期的に物事を考え，安定志向であると思うか？　そ
　　　　れはどんなことで感じたかを説明しなさい。

2.2　人　権　と　平　等

2.2.1　人　権　の　歴　史

　2.1 節で，日本は，国際社会の中で特に男性優位や不確実性の回避，長期志
向の特徴があることがわかった。男性優位は，性の差別であり，その他の差別
にも関係があり，社会的な不平等の許容も表している。日本では，女性のほか
に，子供や高齢者，障害者，同和問題，外国人，性的指向などでさまざまな差
別が認識されている[6]。日本や途上国では，格差も広がっている。正規雇用と
非正規では，給与水準や社会福祉制度が違うため，社会問題視されている。解
決策として同一労働同一賃金が提案されている。これも，**国際労働機関**
（**International Labour Organization, ILO**）では，同原則を ILO 憲章の前
文に挙げており，基本的人権の一つとされている。また世界人権宣言の第 23

条において「すべての人は，いかなる差別をも受けることなく，同等の勤労に対し，同等の報酬を受ける権利を有する」と規定されている。差別をなくすことは平等を求めることであり，基本的人権につながる。欧米は長い歴史の中で，基本的人権を発展させてきた。

　人権保障の歴史は，古くは，イギリスにおいて 1215 年に制定された**マグナ・カルタ（大憲章）**にあるといわれている。その後，イギリスでは，1689 年に，**権利の章典**によって，国王の権限が大幅に制限されるに至った。このマグナ・カルタや権利の章典以降，トマス・ホッブズによって，社会契約，自然権といった思想が主張されるようになり，さらに，ホッブズの思想を批判的に昇華させたジョン・ロックやジャン・ジャック・ルソーといった啓蒙思想家によって，自然法概念は，近代的な人権思想へと発展していった。さらに，国家権力からの自由という思想に基づき，18 世紀以降，市民革命の時代が到来した。その先駆けとなったのが，アメリカ独立革命である。この革命によって，国家権力からの自由を表明した**バージニア権利章典**（1776 年）が制定された。

　その後，イギリスにおける産業革命を契機として，世界的に，自由主義経済や資本主義が発展していった。資本主義の発展により，国家全体としてみれば，大きな利益を得ることになっていくが，それと同時に，資本家と労働者との間に大きな格差が生じていった。近世から現代に至ると，この「持つ者」と「持たざる者」との間の貧富の格差が埋めようもないほどに大きくなった。そして，その結果，「持たざる者」である労働者階級は，「持つ者」である資本家によって搾取され，過酷な労働条件等を課されることになる。近代国家は福祉に着目し，資本家と労働者や，貧富の差による差別を解消しようとしてきた。また，大きな権力を有する政府や発注者が，受注者や労働者に不当な要求をすることは避けなければならない。そのために，受注者や労働者が国家に対して請求権を有するようになった。

　日本は明治初期と戦後の憲法制定以降，基本的人権を認識し，見直してきた。日本国憲法は，基本的人権の保障（尊重），国民主権，平和主義の三つを三大原理としている。基本的人権は，五つの権利（平等権，自由権，社会権，

参政権，受益権（請求権））に分けることができる。そのうちの一つ，平等権は，男女の性別や人種，国籍，家柄などで差別されないと規定された権利である。欧米に比べて日本は，基本的人権に対する潜在意識が違い，それが行動にも表れるように思われる。

2.2.2　建設分野の契約と行動

国際標準のプロジェクトマネジメントでは，プロジェクトの実施にあたり，チーム要員を含む利害関係者は平等である。それを前提としてプロジェクトチームの責任と権限を明確に決め，各要員も対等な立場に立って，自由に意見し，要員の経験と能力に応じて適正な役割を果たす。チームと各利害関係者の関係や各要員の立場が平等となるには，人権が保障されていなければならない。プロジェクトマネジメントは，人権を保障したり，利害関係者を監督し，不正を正したりすることは目的としていないが，前提となる理念は，平等権や自由権，社会権，受益権（請求権）に直接関わってくる。

筆者が考える国際的なマネジメントの理念体系を**図 2.2** に示す。その理念は，「自由で平等な思想と行動」と「要求事項が明確に文書化された契約」，「プロジェクト遂行のための合理的な組織」に基づいている。これらの理念は，

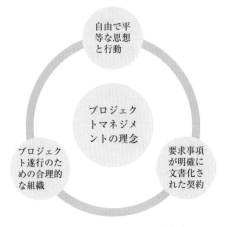

図 2.2　マネジメントの理念体系

プロジェクトマネジメントを実施するための前提条件にもなる。

　顧客と製品やサービスの提供者，発注者と受注者などにおける買い手と売り手の上下関係も日本と欧米では異なる。「サービスや製品を売り手から買ってやる」という買い手が売り手よりも優位に立つ意識や態度は，国際社会では通用しない。プロジェクトの要求事項を満足するために，発注者と対等な立場で受注者は活動するのである。

　日本は，ドイツ式の大陸法または制定法を参考に，**民法典（民法）**を起草した。民法の中の第3編「債権」の第2章「契約」で13種類の**典型契約**が規定されている[7]。国内の建設契約は，典型契約の中の3種類の契約（「委任」または「請負」，「雇用」，の規律を受けている。一般的には，設計者（建設コンサルタント）と発注者との間の工事監理業務や補助業務は**委任契約**または準委任契約の範疇であり，設計業務や工事契約は**請負契約**の範疇になるといわれている。建設工事契約は，契約の成立と内容，履行には三つの原則（契約の自由の原則，公正の原則，契約の拘束力の原則）がある。その原則は，日本の公共工事で適用される**標準請負契約約款**の序文に反映されている。公共工事では，その約款と設計図書が契約図書となる。その契約では，発注者および受注者の役割と義務，権利が規定される。発注者は，支払いや工事用地の確保などの義務のほかに変更命令や契約解除の権限などを有する。

　一方で，受注者には次のような義務がある。

・ 工事完成（施工，完成・引き渡し，瑕疵の修復）
・ 施工
・ 補償と保険付保
・ 工事進捗と工期
・ 工事の保全および工事現場保全
・ 工事および工事現場の安全，衛生，環境の確保

他方で，受注者には次のような権利がある。

・ 出来高の請求
・ 用地引渡し請求

・工期延長請求

・変更などによる追加工事費の請求

・受注者の責に帰さない事由による工事の中断・中止

・発注者の不履行により契約を解除

　すなわち，契約では，受注者はこれらの権利を行使できるが，実際には義務を果たしているかを監視し，監督・管理していくのは発注者であり，その判断が発注者に委ねられている。この点が，工事請負契約を片務的にしている原因の一つと考えられている。すなわち，国内の建設契約は国際標準を満足しているが，受注者がそれを実質行使できないという，発注者との不平等な関係に問題があると考えられる。

　日本の建設会社は，海外の建設プロジェクトで，発注者が義務を果たさないと受注者の権利を行使すべきか判断しなければならない。欧米の建設会社ならば，当然，権利を行使する。そのような経験が少なく，国内の工事慣習に慣れてきた建設会社が，海外で適切に権利を行使することは容易ではない。海外の建設プロジェクトのリスクは，受注者が権利行使に慣れていないために，発注側に起因する問題に対処できないことに原因があると考えられる。

　日本の建設コンサルタント会社が，1980年代にインドネシアのジャワ島で水力発電所の施工管理を始めたときに，日本人技術者は驚いた。施工を請け負ったフランスの大手建設会社は，「入札図書で提供された地質図で示された地質よりも現場の地質が力学的に弱いために，エンジニアが設計したその地点の支保工では安定性が保てない。それが解決されるまで施工を止める」というクレーム文書を出してきた。日本の施工現場ではあり得ないことで，日本人技術者がこの対応に驚いた。建設会社は，クレームにより工事数量を増やして，請負工事費を増額することが目的だったことを後で日本人は理解した。施工の受注者（請負者）は，発注者やその代理を務めるエンジニアと契約上の責務が異なるだけで，基本は対等な立場であるという認識である。彼らは，仕事や責任，権限は契約で定められており，契約と実際が異なる場合にはその代償を要求する権利（クレーム）を当然有するものとして行動した。クレームは海外の

建設プロジェクトでは，受注者が工事費を増額させるためによく用いられる手段であることも日本人技術者は，のちに知った。発注者と受注者は平等な立場を前提とするプロジェクト契約やビジネス戦略について，日本人と欧米人では相当に意識や行動が異なっている。

　日本でも近年，差別はなくす方向に改善されているが，各種の不平等を当然として受け入れる潜在意識は残っている。プロジェクトチームを組んだときに，要員間で差別意識が生じ，それが計画策定や実行に影響を与えると，プロジェクトが失敗する可能性が高まる。プロジェクトチームが官僚型構造で，要員や利害関係者が自由な発言を制限されることも，チームに良くない影響を与える。プロジェクトによって負の影響を受ける住民の社会権が守られないと成功とはいえない。海外プロジェクトのプロジェクト・マネジャーは，多国籍要員と平等に接し，発注者に対して契約に基づく権利を行使することが求められる。多国籍要員は，プロジェクト・マネジャーのリーダーシップに期待している。国内のプロジェクトだけしか経験がないと，英語ができても，適切にマネジメントすることは難しい。

　【問題 2.4】 日本は自由・平等で，基本的人権が守られていると思うか？　そのように考える根拠はなにか？

　【問題 2.5】 日本の建設工事請負契約が片務的といわれる原因はなにか？

2.3　外国人とのコミュニケーション

2.3.1　コミュニケーションの違い

　前節まで，日本人の国際社会での特異性を説明した。国際標準のプロジェクトマネジメントの前提には，基本的人権と平等があり，日本とは異なる文化や思想，行動様式，商習慣を有する諸外国の常識や知見がある。プロジェクトのチーム要員は，男女や国籍を問わず，要員個人の役割と責任，権限に応じて，対等な立場で作業しなければならない。

　マネジメントは，利害関係者とのコミュニケーションが取れなければ実施できない。外国人とコミュニケーションをどのように図るかは，多様性の乏しい

国内でしか生活や仕事をしたことのない日本人にとっては課題である。利害関係者間の共通言語はなにか？ 海外でも日本人しか関わらないプロジェクトであれば，国内同様に日本語が使われる。しかし，海外プロジェクトでは，当該国の言語と英語（国によっては他言語などもあり得る）が使用されることが多い。

　海外でのビジネスやプロジェクトの協議や交渉では，外国人から，「日本人は，すぐに判断せずに，まず本社に問い合わせる」と嫌味をいわれることがある。日本人担当者の得意な発言は，「本社に問い合わせてから返事をする」である。海外のプロジェクトでも担当者が顧客に説明をし，顧客から価格や工期，品質などで新たな要求を受けることは多い。しかし，契約交渉で自分の権限が明確ではないために，すぐに判断できないので，担当者がその場で顧客の要求に答えられない。契約の合意や承認に日本側の原因で時間がかかることになる。

　日本の組織の長は，部下から上がってくる報告に従って，慎重に判断する傾向がある。成功の追求よりも，失敗の回避を重視するようにも見える。国民性としての「不確実性の回避」が行動に表れるため，意思決定に時間がかかる。しかし，各担当者は，明確に定められた業務をこなすことが組織にとって安全であり，安心できると考える。責任と権限のバランスが取れていないと責任ある行動はできないが，日本型社会では，上司は失敗による責任を回避するために，部下には判断よりもまず報告させる手法を取る傾向がある。その上司が判断できなければ，さらに上位の職責者の判断を仰ぐ。しかし，欧米人や中国人は交渉で即答する場合も少なくない。

　海外の建設プロジェクトでは，契約の交渉や変更など仕事の難易度が上がると，欧米では，それに合わせて職責者も上位になり，凄腕の営業部長や取締役が登場する。日本では，契約や受注では営業担当者，技術では技術担当者ができるだけ発注者と協議する。その後，本社に連絡し，状況に応じて上位の職責者が現地に来る。職責の役割に応じた成果を出すために，責任と権限に合った行動は，欧米のほうが日本よりも明確に見える。

　プロジェクト立上げ後，日本人プロジェクト・マネジャーは，外国人，特に欧米人とは日本人以上に個別にコミュニケーションを図る必要がある。チーム形成後，各要員はプロジェクトにおける役割や責任の理解に努める。その役割に納得できれば，プロジェクトのために，自ら母体組織に意見を述べ，行動を起こすことができる。外国人は，プロジェクトを契約に基づく期間限定の仕事と捉えるため，プロジェクト・マネジャーは，文書化された契約を用意し，彼らに説明し，必要な情報を共有し，共通の認識を持たせなければならない。

　欧米人は，日本人に比べてはっきりと意見をいい，不明な点は理解できるまで質問する傾向がある。仕事ではより顕著にその傾向は現れる。日本人は，「指示を待つ」や「回りの人に合わせる」，「周囲に気をつかう」，「はっきり No といわない」とよくいわれる。マニュアルどおりに業務をこなすことに満足し，安心する人も多い。国民性としての「長期志向」，すなわち変化よりも安定を好む志向が現れる。

　一方で，日本やアジア諸国では，一旦チームが形成されると，その組織の中で個人は抑制を保ちながら，持続的に活動できる利点を有する。すでに 2.1 節で述べたように，アジア人は日本人と同様に，個人よりも集団主義，短期よりも長期志向であり，組織上のメンツを重んじる傾向がある。契約よりも人間関係を一般に重視する。アジア諸国の会社や役所の母体組織はピラミッド構造で，組織内の権力格差が大きい特徴がある。

　アジア諸国に比べて日本のほうが，職位の上下関係は硬直的だという指摘もある。日本では，部下は上司に対して，権力格差を意識して話す傾向が認められる。また，軍隊式の上下関係で，一方的な命令口調で部下に指示する上司もいる。海外経験の乏しい日本人は，見下した態度で，途上国の現地スタッフに接することもあるが，この行為は絶対に避けなければならない。多くのアジア人は日本人同様に，受動的であり，与えられた立場を素直に受け入れ，組織の中で主張するよりも，人間関係を重視する志向がある。しかし，人前で自分の尊厳を否定されるような行為には強い反発を感じる。

　意思決定をボトムアップで行うと，時間ばかりかかり，最終化できない可能

性もある。意思決定要求の重要度に応じて，トップダウンのコミュニケーションを図ることも必要である。日本では，現場の問題はまず現場で解決するように指示が出されることが多いが，問題の重大さや緊急性によっては，トップダウンで解決を図ることが効果的である。スポンサーなど母体組織の長が，海外プロジェクトの経験不足で，能力が不十分であると，肝心な場面で海外の利害関係者とコミュニケーションを取れず，問題は解決できない。

2.3.2　文 書 と 承 認

1.3.2項「社会問題とマネジメント」で説明したように，文書の扱いや保管も，マネジメントの重要な対象となる。海外のプロジェクトでは，日本とは違い，文書化することが多いことに驚く。文書のマネジメントには，署名や印鑑によって誰が確認や承認したかを明確にするプロセスがある。

　日本では，電話やメールで伝えるような打合せや会議開催の要求，発注者との面談の予約，資料の請求なども，海外では，文書を作成して，責任者が署名し，相手に提出することが一般に行われる。相手からの返事も文書で行われる。報告書や資料の受け渡しも，文書で確認される。成果としての報告書は，発注者が受取を確認の上，責任者やその代理者が受取書に署名し，受注者に送る。資料を貸し出す際には，貸し手が貸出書を作成し，借り手が受取を確認し，署名して送り返す。プロジェクトの規模が大きくなるにつれ，関係者も増え，手紙や報告書，関連資料も増える。その管理だけでも大変である。

　海外の公的文書では，署名により責任者を明確にする。日本のように印鑑は使用しない。印鑑は，本人でなくとも入手し，勝手に押印することができるので，海外では署名代わりとは認められない。日本では，担当者作成の文書を回覧・報告する際，組織の上位者や関係者が確認や承認をするために，多くの押印を要する場合がある。権限と役割を明確にしないと，押印の数だけ関係者が増えることになり，時間が余計にかかり，非効率となることに注意すべきである。

　建設プロジェクトでは，設計図面に従って建設物が施工される。設計図面

は，入札図書の一部であり，その後，受注した建設会社が施工前に現地の状況を踏まえて施工用図面を作成し，発注者あるいは代理人の承認を得る。国内外でこの工程は同じであるが，海外の建設工事プロジェクトでは，発注側および受注側の図面の作成者や審査者，承認者が，その都度，図面に日付とともに署名する。この署名によって責任者やプロセスが明確になる。国内では，会社名は記載されても個人の署名がない場合がある。設計変更する場合にも，署名者がすぐにわかれば，内容や手続き，手順の確認が容易になる。

　アジア諸国では，英語を母国語としない国でも，国際機関の融資や外国資本による社会基盤プロジェクトでは，英語の文書が通常用いられる。これらの海外プロジェクトでは，自分の意思を正確に，効率的に英語で文書化できる能力がチーム要員に求められる。プロジェクトを効果的・効率的に進めるには，事務や経理の責任者だけでなく，担当技術者にも英語力は求められる。

　筆者は，大学に勤務するようになり，学生の作成する報告書や論文を指導することになった。これらの内容の水準以前に，日本語での作文技術の未熟さが気になる。学生は，まず日本語で論理的に簡潔に正しく文書を書く能力を身につけるべきである。論文で要求される書き言葉と，メール用語や話し言葉との混同も見られる。日本語で読み手が理解できる文書を書けなければ，英会話ができても，英語でビジネス文書や公的文書は書けない。

【問題 2.6】 日常生活や仕事のどのような場面や状況でコミュニケーションをもっと取らなければならないと感じるか？

【問題 2.7】 日常生活や仕事のどのような場面や状況でコミュニケーションを取りにくいと感じるか？

【問題 2.8】 これまで自分の意思が相手に正確に伝わらなかった経験はあるか？ それはなぜ起こったと思うか？

【問題 2.9】 日本人の常識は海外や外国人には通じないと感じた経験はあるか？ それはなにか？

【問題 2.10】 これまでに経験した外国人とのコミュニケーションで重要だと感じたことはなにか？

【問題 2.11】 グローバルなプロジェクト環境で働くためには，どのような人間関係のマネジメントをするべきか？

2.4 プロセスよりも結果か

2.4.1 危うい品質管理

プロジェクトマネジメントの知識体系の一つ，品質マネジメントでは，その製造物やサービスがつねに良い品質を維持するために，その工程を管理することが重要と考えている。製造物やサービスの品質が悪いということは，その結果を生み出している工程に問題があることに気づいたためである。

近代的な品質の管理やマネジメントは 1920 年代から第二次世界大戦中にかけてアメリカで生み出されたとされる。戦後から，ウィリアム・エドワーズ・デミングは日本における統計的方法と品質管理の普及・発展に大きな役割を果たした。その過程で「よいものを作るための品質管理」は日本で発展した**全社的品質マネジメント（TQM）**となり，日本の製造物やサービスの品質の高さや信頼性の向上につながった。日本は，**KAIZEN**（改善）や **ISHIKAWA DIAGRAM**（**石川ダイアグラム，特性要因図**）など国際的な品質管理のツールや技法も独自に開発した。

1970 年代には，多くの欧米諸国で品質保証の要求事項に関連する規格が制定された。このような規格を各国が別個に持っていることは，国際通商活動の障害になる恐れがあり，これらの規格を統合して品質保証の国際規格を作る動きが起った。1979 年に国際標準化機構（ISO）において「品質保証の分野における標準化」を活動範囲とする技術委員会 TC176 が設置された。その委員会で規格原案の検討が行われ，ISO 9000 ～ 9004 の五つの規格が 1SO 規格として制定され，1987 年 3 月にその初版が発行された。その後，1994 年の改訂を経て，2000 年に大幅な組替えや改訂が行われ，ISO 9000 シリーズ規格となり，品質マネジメントシステムとして国際的に認知されるようになった。ISO 規格はその後も改訂されている。

現在，プロジェクトマネジメントの一部である品質マネジメントは，ISO 規

格との整合が取られている。すなわち，製品そのものではなく，組織の品質活動や環境活動を管理するための仕組み（マネジメントシステム）についてもISO 規格が制定されている。品質マネジメントシステム（ISO 9001）や**環境マネジメントシステム（ISO 14001）**などの規格が該当する。

　しかしながら，近年，国際的に高い評価を得ていた日本の製造業の信頼が，品質マネジメントの問題で揺らいでいる。すでに国内の多くの製造会社はISO 9001 認証を取得しているが，取得した複数の大手上場企業で製品の品質データが改ざんされていることが発覚した。品質マネジメント工程ですでに不具合が発見されていたが，ビジネスのリスク回避を優先したために，企業にとって不都合な事実を隠したと考えられる。不正な行為は，結果的に，企業により大きな損失を与えている。日本人はリスク回避指向が強いが，その指向がリスクマネジメントの適正な実施に反映されているかは疑問である。リスク特定に向き合う姿勢や態度がまず求められており，情報公開も積極的にされるべきである。

2.4.2　プロセスと結果

　品質以外の各知識領域のプロジェクトマネジメントも，同様にプロセス（工程）をマネジメントする。しかしながら，日本人には，プロセスよりも結果が大事という考え方も根強い。オリンピックや国際大会では，各分野で指導者や監督，コーチのグループと選手達で組織を作り，優勝や入賞を目標としたプロジェクトを発足させることがある。そのグループと選手は共通の目標を立て，日々努力する。期待される選手は，「次は金メダルを目指す」や「優勝しなければ意味がない」と発言することも多い。しかし，相手の能力が自分よりも上ならば，負けることになる。オリンピックや国際大会でのメダル獲得は，プロジェクトマネジメントの視点ではマネジメントできない目標である。ライバルの情報を仮にすべて入手し，分析し，対策できたと考えても，ライバルが予測以上の実力や成果を出せば敗北する。ライバルの活動や能力まではマネジメントできない。したがって，他者との競争での勝利は，目標にすべきではないと

いうことになる。

　マネジメントの目標は，「自分の可能性を最大限に引き出す」や「自分の力を出し切る」ことになる。不可能な目標は逆に精神的に負荷をかけることにもなる。その目標は「競争して勝つこと」ではなく，例えば，「選手の測定可能な○○の能力を△△までに□□だけ引き上げる」こととすべきである。後者はマネジメントできるが，前者はできない。マネジメントは精神論ではなく，達成可能な目標に対して，計画を立てて，実行するために用いられる。

2.4.3　工 程 用 資 源

　1.5節「投入から成果まで」に述べたように，各知識のプロジェクトマネジメントでは，環境要因がプロジェクトに影響を与え，工程用資源が投入される。

　日本人は，組織内で作業の内容や手順を定める手引書（マニュアル）を作成するのを好む。生産や建設の現場では，数多くの基準や標準を作り，具体的な不具合を見つけ，統計的に分析し，品質を改善してきた。日本人は，具体な事象から抽象的な知見を得るよりも，具体な事象を深く分析し，改善・改良するほうを好む志向がある。基準や標準，手引書などの文書は，「不確実性の回避」や問題発生を未然に防止するために効果的であり，作業を効率化させる。

　一方で，日本人は，外交や貿易でのルール作りや，ビジネスや技術で国際化を目指す基準や標準を作るのは得意ではない。国内の建設分野でも，さまざまな技術基準や標準，指針が策定されてきた。これらは，国内の管理側が規制や管理をする目的で作成・運用されており，日本企業が海外の建設プロジェクトを受注するための国家戦略ツールとして使用するためではなかった。

　欧米は基準作りとその国際標準化を得意とする。具体的な事例を積み上げ，分析し，多国籍の多様な専門家が集まり，議論して，共通性を見出し，基準作りをしていく。戦略的に策定した基準は，欧米の国際機関や企業が海外のプロジェクトやビジネスで，リーダーシップを取り，他国よりも有利に活動するのに役立つ。

　工業用 JIS 規格はアジアでも標準化されておらず，社会基盤整備のための土木・建築の JIS 規格や各種技術基準・指針は，アジア諸国は標準として認めていない。英語翻訳されていないという原因はあるが，それは必要な言語に翻訳すれば解決される。海外プロジェクトでは，他国の基準や規格などに従わなければならないことが，日本人技術者を悩ませる要因となっている。

【問題 2.12】 あなたにとって，仕事やプロジェクトでプロセスと結果のどちらが重要か？ それはなぜか？

【問題 2.13】 品質マネジメントの問題によって，企業が倒産したり，大きな損失を出した事例を挙げなさい。それはどうしたら防ぐことができたか？

【問題 2.14】 あなたの関わる分野や仕事で，基準や標準，指針，手引書の必要性や価値，改善すべき点を説明しなさい。

3章 プロジェクトの
マネジメント技術

　本章では，国際標準化が進行するプロジェクトマネジメントに従って社会基盤プロジェクトを実施することを想定して，そのマネジメント技術を解説する。マネジメント技術は，経験に基づく知識や理論から成り立っている。

　プロジェクトマネジメントの知識はさまざまな関連図書やインターネットから得られる。経験の乏しい学生やプロジェクト初心者が，早い段階で基礎や理論を学習することは，実務でプロジェクトマネジメントが必要になったときに役立つ。プロジェクトマネジメントは，投入・工程・成果の手順で構成され，さまざまなツールや技法が工程に適用される。経験豊かなプロジェクト・マネジャーでも，ツールや技法をすべて理解しているわけではない。

　社会基盤プロジェクトは，国内外で日本の建設コンサルタントや建設会社によって実施されている。国内と海外では，用いる知識体系は似ていても，投入する情報や成果物としてのプロジェクトマネジメント計画書も異なる。国内では，建設マネジメントに関する基準や標準，指針が国土交通省や地方自治体によって整備されており，発注者がプロジェクトを監視・管理する慣行により，受注者は，それらに従ってマネジメントする体制や行動ができ上っている。海外で，国内で培ったマネジメントをそのまま用いても，さまざまな変更要求やカントリーリスクには対応できない状況になっている。

　日本の企業が，日本とは商習慣や環境の異なる海外で建設プロジェクトを受注し，成功させるためには，国際標準化されたプロジェクトマネジメントを理解し，実行していくことが必要である。国内外の建設プロジェクトやマネジメントの状況を振り返り，プロジェクトマネジメントの課題と対応策も述べる。

3.1　プロジェクトの立上げ

3.1.1　全体の見通し

　何事も，段取りが良くないとうまくいかない，ということはよくいわれているし，チームでなんらかの仕事や作業をした経験がある人ならば，経験的に理解できるだろう。事をなすための段取りとは，目標に対し，与えられた状況に

おいて全体を見通して，なにが将来発生するかを予測し，早い段階で準備していくことである。プロジェクトマネジメントでも，考え方は同様であり，立上げの段階で，マネジメントのあらゆる要素（知識領域）を対象に計画を立てることから始める。

通常の建設プロジェクトは，設計段階でも施工段階でも，事前に必要なデータや情報を入手し，実施可能性を分析し，実施可能な計画書を立ててから開始する。その責任者はプロジェクト・マネジャーであり，彼は最終の成果を思い描く。プロジェクトが複雑で大型になれば，品質，時間，費用，リスクなどを総合的にマネジメントしていかなければ成功しない。

各知識領域をプロジェクトの進捗に伴い総合的にマネジメントしていくことを統合マネジメントという。プロジェクトの立上げでは，プロジェクトの全体像を具体的に把握し，文書化し，それをプロジェクトの利害関係者に伝達し，理解してもらわなければならない。文書化では，プロジェクト・マネジャーが責任者となり，知識領域ごとのさまざまな計画書を作成する。この立上げの結果は，その後のプロジェクト全体の成功に大きく影響する。

「統合マネジメント」の「統合」とは，英語ではインテグレーション（integration）であり，単に各構成要素を寄せ集めて，一つにまとめるのではなく，全体の最適化を図ることを意味する。すなわち，図1.5に示したように，「統合マネジメント」は，プロジェクトがうまく進行するように，時間軸の中で各知識領域の相互作用を考慮し，調整することによって最適化を行う工程である。

「統合マネジメント」は，プロジェクトの立上げから終結までのすべての工程が対象となる。プロジェクトは，PDCAの順番に進められる。立上げでは，プロジェクト定款作成やプロジェクトマネジメント計画書作成を含む。「プロジェクト作業の監視・管理」と「統合変更管理」は，プロジェクトの開始から終結まで継続して実施される。PDCAのうち，評価（check）と対策（action）が変更管理に対応する。

　建設工事プロジェクトでは，統合マネジメントが要求される。その活動手順とマネジメントを**図3.1**に示す。工事プロジェクトでは，落札後に，プロジェクト・マネジャーは，施工計画書と実行予算書を作成し，それらを契約管理標準と併せて，プロジェクト実施管理標準を作成する。工事施工計画書には，工程・品質・コスト・安全管理のための，マネジメント計画が含まれる。工事完了まで，各種マネジメントの監視と管理は継続される。

　　　　　　　　　　　　　　　　　　　　図3.1　建設工事プロジェクトの活動
　　　　　　　　　　　　　　　　　　　　　　　　手順と統合マネジメント

3.1.2　プロジェクト定款

　統合マネジメントの最初の工程では，**プロジェクト定款**（**project charter**）[†]が作成される。プロジェクト（マネジメント）を開始するための，重要文書であり，母体組織の責任者やプロジェクト部門長など（スポンサー）が作成し，署名する。プロジェクト実施の理由と目的を明確にするために作成され，通常，プロジェクト承認後の最初の公式文書となる。効果的なプロジェクト定款を作成するには，プロジェクトの目的や成功基準，要求事項，プロジェクトの説明とスコープ，リスク，マイルストーン工期，予算概要，利害関係者リストなどの内容を文書化する必要がある[1]。この文書によって，経営者

[†]　project charter はプロジェクト憲章と訳されることが多いが，建設分野では憲章という
　　表現は使われないので，定款とした。

や株主などはプロジェクトの価値やリスクを効率的に理解できる。適切に文書化されたプロジェクト定款は，利害関係者が事前に抱く多くの疑問に答えられる。プロジェクト定款は，基本的に，プロジェクト定款の承認が下りたら変更を加えない法律となるべきであるが，変更が避けられない場合には，変更管理工程に従って厳格に変更する必要がある。

　プロジェクトの立上げを公式に認可することで，プロジェクト・マネジャーに母体組織の資源をプロジェクト活動に使用する権限が与えられる。立上げ工程を通して母体組織とプロジェクト起案組織やプロジェクトとの間に協力関係を確立する。

　多国籍要員からなる国際プロジェクトでは，対象プロジェクトや適用されるマネジメントについて利害関係者は共通認識を持つことが重要になる。そのためにプロジェクト定款はきわめて有効な文書となる。母体組織にはプロセス（工程）で使用する資源（工程用資源）として標準化された工程がある。プロジェクトチームは，通常，母体組織の標準化された工程ではなく，プロジェクトで決められた工程に従う。その点を定款の前提条件と制約条件に明記しないと，プロジェクトの報告や承認の手続きで混乱を生じることになる。

　本来，プロジェクト定款は，スポンサーなどプロジェクト起案組織によって作成され，その要求事項を満たすように，責任と権限を明記することによって，適切なプロジェクト・マネジャーが任命される。しかし，現実には，プロジェクト・マネジャー自身が要求事項を理解し，それを実行するために権限を要求し，プロジェクト定款を作成することもあり得る。しかし，プロジェクト定款で，プロジェクト・マネジャーが正式に認められるため，定款に署名する立場ではない。

　プロジェクトマネジメント計画書は，定款の後で作成される。母体組織の長あるいはプロジェクト・マネジャーは，チーム要員がプロジェクト開始後，「責任ばかり与えられて，権限がない」といわないように，プロジェクト定款を作り込むことが必要となる。

3.1.3 利害関係者の特定

　利害関係者は，プロジェクトごとに異なる。プロジェクトの立上げでは，利害関係者を特定する工程がある。利害関係者を特定し，プロジェクトの主要な情報を共有し，チームの責任と権限を確認する。スポンサーやプロジェクト・マネジャー，チーム要員は利害関係者として理解しやすいが，それ以外の関係者も特定しなければならない。建設プロジェクトの利害関係者となる母体組織の構成員や外部組織などの例を**図 3.2** に示す。社会基盤プロジェクトの利害関係者は，ライフサイクルとの関係を含めて図 1.11 で示した。

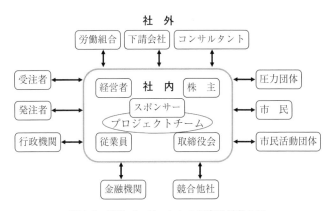

図 3.2　建設プロジェクトの利害関係者の例

　プロジェクトに否定的な関係者の存在を見落としたり，情報共有を避けたりすることは，プロジェクトの失敗や遅延，もしくは負の結果の可能性が高まる点に，推進側の関係者は注意しなければならない。特にプロジェクト・マネジャーは，プロジェクトのライフサイクルを通してこのような利害関係者に注意を払い，起こり得るいかなる課題にも対処する計画を立てて，プロジェクトを実施していく必要がある。

　各利害関係者の要求事項や期待を明確にすることが，関係者特定時に求められる。社会基盤プロジェクトでは，開発に反対する個人やグループが存在することも多い。特に，自然環境や社会環境へは，負の影響が直接表面化しやすい。しかし，開発推進側が積極的に反対者の要求事項を確認することは現実に

は起こりにくい。開発推進側は，反対者を予測し，彼らの要求や期待を推測し，負の影響を分析することが必要となる。プロジェクトチームが，彼らと，なにを，いつ，どこで，どのように情報を共有するかは，きわめて重要で繊細な課題となる。

利害関係者特定は，プロジェクトのライフサイクルすべてを通じた持続的な工程である。利害関係者を特定し，プロジェクトに対する影響の度合いを分析し，彼らの要求や要望，期待を調整することはプロジェクトの成功に重要である。こうした取組みを怠ると遅延や費用増加，予期せぬ問題，プロジェクトの中止などの負の結果をもたらすことになる。

【問題 3.1】 自分が関わったプロジェクトのマネジメントを PDCA で説明しなさい。

【問題 3.2】 プロジェクトの立上げでなにが決定されていないと，後でどのような問題が生じる可能性があるか？

【問題 3.3】 これまでの経緯を知らずに，プロジェクト・マネジャーに任命されたら，まずなにをすべきか？

【問題 3.4】 プロジェクト定款の必要性と重要性を説明しなさい。

【問題 3.5】 あなたが関わったプロジェクトの利害関係者を特定しなさい。

【問題 3.6】 プロジェクト立上げ時に，プロジェクト・マネジャーは，利害関係者をどのような手法で見つけ出すか？

3.2 マネジメント計画書の作成

3.2.1 プロジェクトマネジメント計画書

プロジェクトの立上げが完了すると，計画段階に入る。プロジェクト・マネジャーは，マネジメントのための計画書作成に着手する。作成のための場所の確保や通信システムの構築，什器の用意など物理的な準備をし，必要なデータや情報を探し出し，要員や関係者と調整し，適切なツールや技法を選定する。統合マネジメント計画書だけではなく，補助（個別の知識領域）計画書も同時に作成していく。プロジェクト文書はプロジェクトを説明する文書であり，プ

ロジェクトマネジメント計画書とは異なる。

『PMBOK ガイド』では，以下のように記載されている[1]。

「プロジェクトマネジメント計画書の作成は，すべての計画構成要素を
定義し，作成し，調整するとともに，これらを統合されたプロジェクトマ
ネジメント計画書へ集約するプロセスである。」

プロジェクトマネジメント計画書は，プロジェクトの実行や監視・管理，終
結の方法を規定する。プロジェクトマネジメント計画書の内容は，プロジェク
トの適用分野とその複雑さによって異なる。プロジェクトマネジメント計画書
では，**プロジェクト基準値（ベースライン）**が定義される。プロジェクト基準
値には，**基準スコープ**や**基準スケジュール**，**基準コスト**などがある。基準値
は，承認された作業成果物である。公式な変更管理手順を踏んだ場合のみに変
更可能であり，実績と比較するための基準として使用される。

さらにプロジェクトマネジメント計画書には，補助計画書のほかに，プロ
ジェクトのライフサイクルと各段階に適用される工程や，プロジェクトマネジ
メントチームが決定した追加のマネジメント工程や各種手法を記載する。社会
基盤プロジェクトは，自然環境や社会環境へ影響を及ぼすことが多い。自然環境
配慮や移転や補償のためのマネジメント計画書は別途作成しなければならない。

3.2.2　スコープの確認

プロジェクトマネジメント計画書作成工程では，最初にスコープマネジメン
ト計画書を作成する。スコープには，**成果物（プロダクト）スコープ**と**プロ
ジェクトスコープ**がある。成果物スコープは，特定の機能や品質を持ったすべ
ての成果物やサービス，成果を規定する。プロジェクトスコープは，成果物ス
コープを生み出すために実行するすべての作業を規定し，成果物スコープを含
むとみなすこともある。建設プロジェクトでは，**スコープ・オブ・サービス**
（**scope of service**）や**スコープ・オブ・ワーク**（**scope of work**）として使わ
れる。日本語では，スコープは「業務やサービスの範囲」になる。スコープマ
ネジメント工程は，プロジェクトを適正に完了するために必要なすべての作業

を含み，かつ必要な作業だけに絞り込む。

図3.3にプロジェクトのスコープとマネジメント計画書作成の手順を示す。スコープマネジメント計画書では，スコープを決定する工程や監視・管理，検証の方法などを記述する。**要求事項文書**では，プロジェクト目標や前提条件，制約条件などとともに，要求事項を記録する。要求事項は，プロジェクトの目標を達成するための利害関係者の要求や要望を定量化し，優先順位をつけたものである。プロジェクトスコープ記述書では，プロジェクトの成果物とそれを生産するために必要な作業を詳細に説明し，スコープを定義する。次に，スコープの**作業分解構成図**（ワーク・ブレークダウン・ストラクチャー，**work breakdown structure，WBS**）を作成し，その作業分解構成図と作業構成要素の説明書，プロジェクトスコープ記述書が基準スコープとなる。その後，統合とスコープ以外の知識領域のプロジェクトマネジメント計画書が作成される。

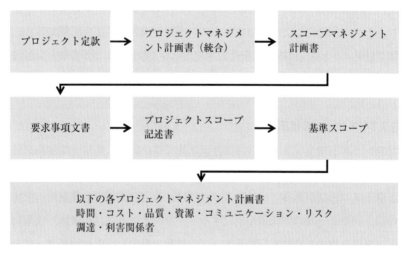

図3.3　プロジェクトのスコープとマネジメント計画書の作成手順

　発注者から委託されたり，請負う場合には，その契約書や発注書にスコープは記載される。プロジェクト・マネジャーやすべての要員は，記載された特性

や機能を持つ生産物やサービス，成果をまず理解しなければならない。これを
理解せずに作業を進めることは，大きなリスクとなる。日本人は，信頼関係で
仕事をすることも多いので，発注者と受注者との間で，古くから仕事をしてい
る場合には，契約書や発注書にスコープが十分明確に記載されないこともあ
る。親会社と子会社間の随意契約でも，このような事態は起こりやすい。ま
た，日本人は，顧客満足のために，品質にこだわり，過剰な品質の成果物を提
供することもある。これは，受注者にとって費用や時間の増加につながるリス
クもある一方で，海外では問題となることもある。例えば，契約書で規定され
た材料が入手できないため，受注者が勝手に判断してそれ以上の品質を有する
が異なった材料を使用すると，スコープと異なるために，その使用は発注者か
らクレームの対象となることがある。

3.2.3　作業分解構成図の作成

〔1〕作業分解構成図

作業分解構成図は，プロジェクト目標を達成し，必要な成果物を生み出すた
めにプロジェクトチームが実行する作業の全スコープを階層的に要素分解した
図である。要素分解とは，プロジェクトのスコープや成果物をより小さくマネ
ジメントしやすい部分に分割したり再分割したりする技法である。作業分解構
成図は，プロジェクトのスコープ全体を系統立ててまとめ，定義したものであ
り，最新の承認済プロジェクトスコープ記述書で規定される作業として表示さ
れる。

作業分解構成の最下位レベルに位置する要素は，**ワークパッケージ**と呼ばれ
る。ワークパッケージは，工期や見積，監視および管理の対象となる各作業
（業務）をグループ化した工程である。作業分解構成内の各ワークパッケージ
はワークパッケージの成果物作成に必要な作業に分解される（**図 3.4**）。作業
定義工程では，成果物を最終成果とするのではなく作業自体を最終成果と規定
している。

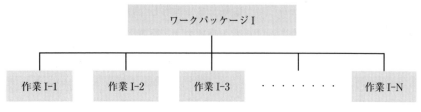

図3.4　ワークパッケージ I と N 個の作業との関係

　要素分解の水準はプロジェクトを効果的にマネジメントするのに必要な管理水準によって左右されることが多い。ワークパッケージの詳細さの水準はプロジェクトの規模と複雑さによって異なり，以下のような観点から設定される。

　　・費用や所要工期，資源所要量の信頼性の高い見積や予測

　　・進捗度の定量的測定基準の作成

　　・各作業の責任と権限の明確化

　この手法は，建設プロジェクトでも従来から採用されている。例えば，建設工事プロジェクトの入札のために工事費見積を行うので，この段階で，作業分解構成図を作成する。**直接工事費**を構成する本体工事は，部分工事の集合体であり，項目・分類・大費目・費目・細費目と区分される。見積の作業は，労務・材料・機械の単価を基に，細費目，費目，大費目，分類の順に合算し，集計する。**図 3.5** に，浄水場の作業分解構成の例を示す[2]。

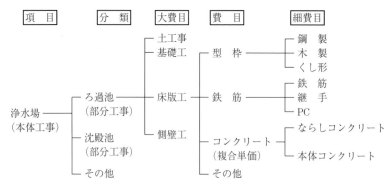

図3.5　浄水場の作業分解構成（見積作成目的）

〔2〕手　　　法

ワークパッケージまで分解した後に，それぞれにかかる費用と所要工期を見積り，マネジメントする。プロジェクト作業全体をワークパッケージまで要素分解するためには，作業の特定と構造分析，識別コードの作成と割当がなされる。山岳トンネル工事プロジェクトをワークパッケージレベルまで要素分解した作業分解構成図の例を**図3.6**に示す。

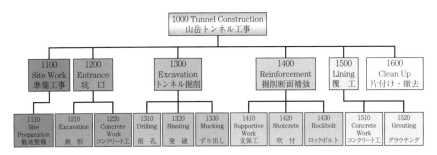

図3.6　山岳トンネル工事プロジェクトの作業分解構成図

作業分解構成コードからワークパッケージのための独自の識別子を設定することによって，費用と工期，資源情報を階層的に集計することが容易になる。効果的な作業分解構成図を作成する目的で，成果物をより小さな構成要素に要素分解するための情報の分析に，専門家の判断はよく使用される。

〔3〕スコープ管理

プロジェクトスコープ管理は，プロジェクトと成果物のスコープの状況を監視し，基準スコープの変更をマネジメントする工程である。プロジェクトのスコープおよび実際に発生した費用，スケジュールを統合した成果の測定値とアーンドバリュー（生産価値）を用いて，プロジェクトを監視・管理できる。複数のワークパッケージをまとめて管理するために，作業分解構成内の適切な構成単位で**出来高管理勘定**を行う。個々のワークパッケージは必ず一つの管理勘定のみに関連付けられる。

3.2.4 スコープの妥当性検証

プロジェクトスコープの妥当性検証は，完了したプロジェクトの成果物を公式に承認する工程である。各成果物の妥当性をこの工程で確認することで，受入・引渡工程に客観性を与え，最終生産物やサービス，成果が承認される可能性を高めることになる。

プロジェクトスコープの妥当性検証工程と品質管理工程では検査対象が異なる。スコープ妥当性検証の工程は，成果物自体であり，品質管理工程は成果物に規定されている品質要求事項である。通常，品質管理はスコープ妥当性検証に先行して行われる。すなわち，品質管理工程で問題がなかった要素成果物が，スコープ検証で公式に受け入れ承認されるという手順になる。

建設プロジェクトでは，出来高に基づく作業進捗管理が行われる。建設物が品質管理され，スコープを満足していることが確認された後，その出来高は発注者に承認されることになる。作業進捗情報は，スコープ管理の結果であり，基準スコープに比べて，スコープがどのように進んでいるかの相関情報が含まれる。

国内の建設物の計画・設計プロジェクトでも，スコープが修正・追加されることがある。契約書に詳細なスコープが記載されていれば，スコープは管理しやすいが，そうでない場合もある。競争入札に比べて，随意契約では，過去の信頼関係に基づいて発注される傾向にあり，簡略なプロジェクトスコープの記述になりやすい。プロジェクト立上げ段階で，十分にプロジェクトスコープや建設物やサービスのスコープを確認しておかないと，スコープが変更されたり，追加されたりした際に，設計変更や契約額変更の解釈が発注者と受注者間で異なり，契約変更の承認や手続きが難航することになる。

【問題3.7】 プロジェクトに否定的であったり，反対する利害関係者にはどのようなマネジメント計画を立てるべきか？

【問題3.8】 プロジェクト基準値とはなにか？ どのように使用されるか？

【問題3.9】 プロジェクト文書とプロジェクトマネジメント計画書の違いはなにか？

【問題 3.10】 プロジェクトスコープとはなにか？ なぜスコープマネジメントが必要か？

【問題 3.11】 作業分解構成とはなにで，どのような作業によって決定されるか？

【問題 3.12】 プロジェクトマネジメント計画書作成で，なぜ作業分解構成が必要か？

【問題 3.13】 自分が関わったプロジェクトの作業分解構成図を作成しなさい。

【問題 3.14】 建設工事での項目・費目の区分（図 3.5 参照）とその工事（プロジェクト）の作業分解構成図作成は似ているが，なにが異なっているか？

【問題 3.15】 建設プロジェクトで，スコープの妥当性検証はなぜ必要か？ 品質の検証とはなにが違うのか？

3.3　スケジュールの作成

3.3.1　スケジュールマネジメント

　プロジェクトのスケジュール（時間）マネジメントは，マネジメントの一つに過ぎない。しかし，「スコープ，時間，品質，コスト」の 4 項目のマネジメントが基本であることは変わらない。プロジェクトに関わらず，生活でも定常業務でも時間管理は重要である。国際的に，日本人はドイツ人同様に，決められた時間を厳格に守るという性質は知られている。ただし，図 2.1 に示したように，日本人はドイツ人よりも個人主義ではなく，集団行動を好む傾向が強い。日本人は，「周りに迷惑をかけないように，あるいは上司にいわれたから，時間外でも働いて，なんとか期限に間に合わせる」という意識が見られる。個人主義であれば，「契約に従い，与えられた権限と責任に基づき，自分の役割を果たし，成果を出す」ことが「組織やチームが良い成果を出せるように，自分の仕事を調整する」よりも優先される。日本では，長年，労働環境が問題視され，ホワイトカラーの生産性が低いことが指摘されてきた。現在，時間外労働への規制や非正規雇用の処遇改善，多様な労働に対応した制度作りなど働き方改革が国家の課題となっている。時間や資源のマネジメントを適切に計画・

実行すれば，生産性が向上し，時間外労働は減ることになる。

　スケジュールマネジメントの計画段階で，スケジュール作成は，最も基本的な作業の一つである。プロジェクト・マネジャーは，費用見積と併せて早い段階で作成し，決められた手順に従い承認を得る。スケジュールマネジメントはプロジェクトを所定の時期に完了させるために必要な工程からなる。スケジュールマネジメント計画書作成後，作業定義，順序設定，資源計画，所要工期予測が実行され，スケジュールが作成される。その作成されたスケジュールをプロジェクト完了まで管理していく。スケジュールは，分解した各作業を単位として構築されるので，各作業をできるだけ細分化する工程を要する。最終決定後，承認されたスケジュールは基準スケジュールとなり，スケジュール管理工程で使用される。

　スケジュール作成では，時間だけでなく，使用可能な資源を予測するので，費用見積も併せて実行される。資源調達の自由度が高ければ，できるだけ資源を適切に活用し，生産性を上げて時間短縮とコストダウンを図ることができる。資源調達の制約が大きいと，基準スケジュールよりも時間延長のリスクが高まり，費用増加のリスクも高まる。建設プロジェクトは，一部の資機材が不足することで，工期が延長する可能性があり，また，現場事務所の運営期間が長引くと，維持管理費が増加する。

　スケジュールマネジメント計画で選択されたスケジューリング手法は，スケジュールモデルの作成ツールに使用される枠組みと処理手順を定義する。建設プロジェクトでは，スケジューリング手法に**クリティカルパス（critical path，CP）法**や**資源最適化法**などが用いられる。CP法とは，プロジェクトの最短所要工期を予測し，スケジュールモデル内で，ネットワークパスにおけるスケジュールの柔軟性を判定するために用いる方法である。

　スケジュール作成は，単に全体工期を示すだけでなく，各作業に必要な期間や資源も予測する。これらの予測成果は，費用見積やリスク特定の入力情報に使用されるので，スケジュール作成は，その他のマネジメント工程へ大きな影響を及ぼす。

建設工事プロジェクトでは，**図3.7**に示すように，落札後，時間管理基準に基づいて施工計画書が作成される[3]。その後，作業分解構成図が作成され，各作業に必要な期間やコスト，資源を計画し，スケジュール表が作成される。それらが最終化されると，発注者に契約図書として施工（実施）計画書が提出される。

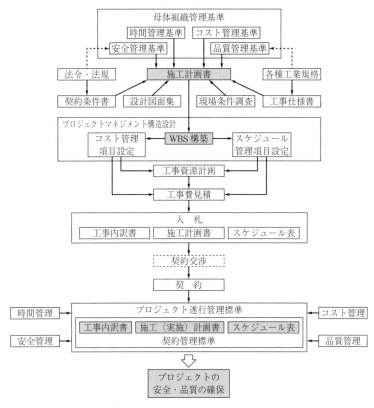

図3.7 建設工事プロジェクトのマネジメントの手順

3.3.2 作 業 の 分 析

スケジュールを作成するには，作業を定義し，それらの作業の順序を定め，資源を見積り，作業完了に必要な時間を推定する。作業の定義における要素分解は，作業分解構成図（3.2.3項〔1〕）ですでに述べたとおりである。

　設計や工事の建設プロジェクトでは，上級技術者や管理技術者などの専門家が自らの知識で要素分割し，その作業手順を決めることは多い。また，組織の工程用資源として類似プロジェクトのデータや情報，ツールや技法，教訓も利用される。設計プロジェクトにおいても，細分化した設計項目に応じてその専門家をプロジェクトチーム要員とする。大規模な発電所建設プロジェクトの詳細設計では，専門分野が多岐に渡るため，当該国をはじめ，多国籍要員が何十名も集まってチームを編成し，各専門に応じた作業を実行する。

3.3.3　作業順序設定

〔1〕設 定 手 法

　分解した作業の定義や作業項目リスト，**マイルストーン（中間目標点）**が決定されると，これらを入力情報として作業手順を設定する。これら以外に，スケジュールマネジメント計画書やプロジェクトスコープ記述書，プロジェクトへの環境要因や組織が有する工程用資産も入力情報となる。

　依存関係にある二つの作業間の順序は，**図3.8**に示すように，論理的に四つの関係で定義できる。先行作業はスケジュール上，依存関係にある作業の前に論理的につながる作業である。後行作業はスケジュール上依存関係にある作業の後に論理的につながる作業である。

図3.8　作業間の四つの論理順序関係

　作業の順序に影響を与える時間の概念として，**リード**（lead）と**ラグ**（lag）がある。リードとは関係する先行作業に対して後行作業の開始を前倒しできる

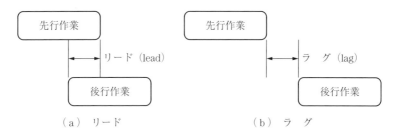

図 3.9　リードとラグ

時間のことである（**図 3.9**（a））。ラグとは関係する先行作業に対して後行作業の開始を遅らせる時間のことである（図 3.9（b））。

　作業順序設定の手法としてネットワーク図法が用いられる。**スケジュール・ネットワーク図**はプロジェクトの作業間の依存関係に基づく論理的順序関係を示す。ネットワーク図は，手作業によって作成することもソフトウェアを使って作成することもある。代表的なネットワーク図法には，**アロー・ダイアグラム法（arrow diagramming method，ADM）**と**プレジデンス・ダイアグラム法（precedence diagramming method，PDM）**がある。

　アロー・ダイアグラム法は，作業を矢印（アロー）で表し，**アクティビティ・オン・アロー（activity on arrow，AOA）**とも呼ばれる。作業のない関係を表すために，ダミー作業を用いる。**図 3.10** に，AOA を用いたコンクリート工事の工程を示す。各作業の開始および終了を結合点で示し，各作業項目と期間は矢印線で示される。点線の矢印線は，結合点の相関を示しており，所要工期がない作業，ダミー作業を表す。AOA は開始－終了関係しか表現できない欠点がある。

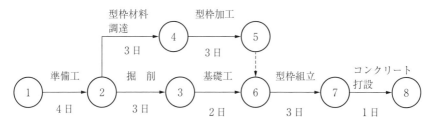

図 3.10　AOA を用いたコンクリート工事の工程

ADM の欠点を改善した PDM は，作業を接点（ノード）で表しており，**ア
クティビティ・オン・ノード（activity on node，AON）**とも呼ばれる。図
3.10 の工事を PDM で表現した結果を**図 3.11** に示す。AON は，作業期間と最
早開始日・最早終了日から，各作業の余裕日および最遅開始日・最遅終了日を
算定し，工程図表に示している。AON は，AOA に比べて，各工程期間に関す
る多くの情報を提供しているので，重点管理工程を理解しやすい。クリティカ
ルパス（CP）は 3.3.4 項で説明する。

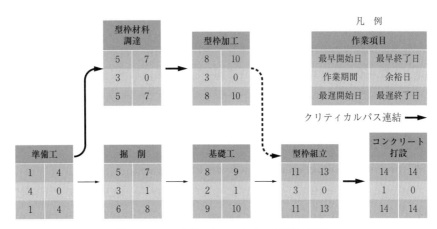

図 3.11　AON を用いたコンクリート工事の工程

〔2〕作業に必要な資源計画

作業に必要な資源計画は各作業を遂行するために必要な人材（労務）や材
料，機械などの種類と数量を決定する工程である。この工程は，所要工期の予
測と費用見積の精度を上げる。作業用資源計画の入力情報には，スケジュール
マネジメント計画書や作業リスト，費用見積などが用いられる。

建設プロジェクトでは，規模が大きくなり，複雑になるにつれ，多種多様な
資源を必要な時期に必要な量だけ調達することが，スケジュールやコストのマ
ネジメントで重要になる。したがって，この作業用資源計画はきわめて重要な
工程となる。大規模な建設工事プロジェクトでは，スケジュール表作成のため
に専用のアプリケーションを用いることがある。

〔3〕 所要工期予測

所要工期予測は計画した資源を使用して各作業を完了するために必要な作業期間を予測する工程である。この工程によって，各作業が完了するための期間が求められ，その期間がスケジュール作成工程への入力データとなる。

所要工期予測は段階的に詳細化されるものであり，この工程ではデータの品質や信頼性を十分に考慮する。社会基盤プロジェクトでは，設計が1回で終わり，その後すぐに，建設が開始されることはない。各種調査結果を基に設計を繰返し，設計の精度や信頼性を高めていくのである。設計は，予備（基本）設計，事業評価（概略）設計，詳細（実施）設計などの順序で，進行する。前段階の成果が次段階の設計の入力情報となる。その目的は，工事発注可能な入札図書の一部を作成することである。段階を経て期待する成果は，所要工期予測と費用見積の精度と信頼性の向上である。

所要工期予測の手法として，建設プロジェクトでは，専門家の判断や過去の事例に基づく予測，変数予測，予備設定分析が用いられる。これらは，独立して用いられるだけでなく，複合して用いられることが多い。

過去の事例に基づく予測は，過去の類似プロジェクトのデータを使って，プロジェクト全体あるいは各作業の所要工期を予測する技法である。類似プロジェクトから所要工期や費用規模，数量，複雑さなどの変数を計画対象プロジェクトの同じ変数の基礎データとして使用する。計画対象プロジェクトの所要工期は，類似プロジェクトの複雑さなどに関する差異がわかっていれば，調整も可能である。過去の事例に基づく予測はプロジェクトの情報が限定されている場合に用いられ，安価で時間はかからないが，正確さは劣る。

変数による工期予測は過去のデータやプロジェクトの変数に基づいて費用や所要期間を算出するためにアルゴリズムを使う予測手法である。過去のデータと変数との統計的関係に基づいて，作業の変数から所要期間や費用，予算などを推定する。作業所要期間は作業量に作業単位時間を乗じることで定量的に予測できる。例えば，建設設計プロジェクトの図面作成所要期間は，図面枚数に図面1枚あたりの作業時間数を乗じることで計算できる。

　建設プロジェクトでは，一人あるいは複数の専門家が，個々の事例や変数による工期予測の手法を用いてプロジェクト所要工期を判断する。社会基盤プロジェクトでは，土木だけでなく，建築や電気，機械など幅広い分野の専門家が関わる。さらに土木でも，屋外工事と地下工事などの分野に分類される。このようなプロジェクトでは，各専門家が所要工期を見積り，責任者が全体工程の所要工期を判断する。

　つぎに，プロジェクトの期間や費用の予備の必要性を判断し，それらの具体的な数値を設定するために予備設定分析をする。所要工期予測はスケジュールの不確実性を補うために，**バッファー**と呼ばれるプロジェクトスケジュール全体に対する予備期間を設けることがある。予備期間は，基準スケジュールの範囲内で，承認された特定リスクに対して割り当てた所要工期であり，対策も計画される。予備期間は予測所要期間の一定比率，あるいは一定の作業期間としたり，または**モンテカルロシミュレーション**のような定量的分析手法を使って設定する場合もある。プロジェクトに関する情報が正確に認識されるようになると，予備期間は使用・削減・削除されるようになる。

　建設プロジェクトでも，通常，**予備設定分析**が行われる。発注者は，予備費の設定や使用に消極的なケースも少なくないが，受注者にとって，スケジュールやコストをマネジメントし，プロジェクトを成功させるために，その情報の入手や適用のための作業はきわめて重要である。建設プロジェクトは，自然条件や多くの利害関係者の影響を受けるので，工期や費用を予測しづらい要因が生じる。例えば，自然条件では，地質がその要因となる。土木や建築の構造物は，自然の地盤に直接載せることはまずなく，設計支持力を有する位置まで掘削して基礎とする。どこまで掘削すればそのような基礎が現れるかは，専門家による地質図分析や，事前のボーリング調査や弾性波探査などによって推定する。見えない部分であり，完全に明確にするまで地下調査をすることは費用の点からも現実的ではない。入札図面に従って掘削したが，設計どおりの基礎が出なかったということは少なくない。自然条件を含むさまざまなリスクを特定し，工期や費用に与える影響を評価分析し，その結果を予備として反映する。

一般に電気や機械よりも土木の分野でリスクは大きい。

　建設工事プロジェクトによる社会環境影響として，周辺住民への騒音・振動や用地の確保，補償などがある。これらは，通常，発注者としての事業者が，プロジェクト開始前に，マネジメントの計画を立て，プロジェクト実施中は計画に基づいて監視・管理する。途上国でも民主化の進展とともに，社会基盤整備でも用地確保や補償交渉が難しくなっている。同時に，開発するために時間と費用がかかるようになっている。事業費全体の 20 〜 30 ％もこれらに要する事業もある。事業者は過去の類似事例に捉われるだけでなく，十分に情報収集し，分析すべきである。

　国内では，これらの影響により工期が伸び，追加費用が発生しても，受注者から発注者にクレームを出すことは少ない。クレームとは日本人が意図する苦情ではなく，受けた事態に対して被った追加費用や工期延長の要求であり，欧米では正当な権利の主張とみなす。

3.3.4　スケジュール作成工程

　スケジュール作成工程は，計画工程全体の中で中心となり，他の工程に影響を及ぼす。スケジュール作成工程で各作業のスケジュールを基に全体スケジュールを組み立てる。作業の順序と所要時間を決定し，開始日と終了日を決定する。通常，スケジュールを完了させるには，作業資源計画と作業所要期間を何度も見直すことになる。市販のスケジュールアプリケーションを使用することもできる。スケジュールが承認されると，それが基準スケジュールとなる。

　図 3.12 に**ガントチャート（バーチャート）**による山岳トンネルの工事工程図を示す。トンネルボーリングマシーン（TBM）を使用するのではなく，従来工法工事による工程である。各作業は，図 3.6 の山岳トンネル工事プロジェクトの作業分解構成で決定されている。工期を横軸に取り，各作業の施工時期と日数を表している。工事の流れや作業分解構成の関連性を視覚的に理解しやすいので，建設プロジェクトでは多用されている。トンネル工事では，地質条

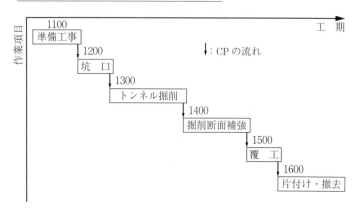

図3.12 山岳トンネルの工事工程図

件に応じて，掘削中や掘削後の安全確保や工期短縮のために，先行作業完了前に，後行作業が開始されることがある。そのために，リードが生じている。図中の作業項目で示した CP は，ワークパッケージの工程に基づいて決定されるものである。各作業の所要時間と順序を決定し，プロジェクト全体のスケジュール（工程）を作成する。

　他の工程と同様に，スケジュールを作成するためには，前提条件と制約条件に注意すべきである。建設プロジェクトでよく使用されるスケジュール作成の手法として，スケジュール・ネットワーク分析と CP 法，**資源最適化法**，リードとラグ，**スケジュール短縮**，**スケジューリング・ツール**などがある。

　CP 法は，スケジュール・ネットワーク分析の技法である。CP は，プロジェクトを完了するための作業の最長経路であり，最短所要時間を決定する。図3.10 および図3.11 に示したネットワーク工程表から，CP を分析できる。ただし，AOA（図3.10）では，さらに計算しないと CP は求まらないが，AON（図3.11）では，CP は表中の所要工期の数値から読み取ることができる。また，各作業の**フロート**（**余裕時間**）も計算される。

　フロートは**スラック**とも呼ばれる。**トータルフロート**（全余裕）と**フリーフロート**（自由余裕）がある。フリーフロートは，スケジュールの制約条件を守り，後続するすべての作業の最早開始時刻を遅らせることなく，ある作業を遅

らせることができる期間である。後行作業に影響を与えずに自由に使用することができ，一つの経路において合流する直前の作業のみに存在する。

トータルフロートは，スケジュールの制約条件を守り，プロジェクトの終了日を遅らせることなく，作業の最早開始日（EST）から遅らせることができる期間である。プロジェクト完了までの作業を含む経路に共有する余裕で，ある作業で使いきれば，それ以降の経路は CP となる。

対象作業と依存関係にある情報を収集し，対象作業の開始前に終了していなければならない作業を**依存関係**として整理する。CP の所要時間を求めるには，フロートが 0 である作業の所要時間を加算する。

資源最適化技法は，CP が決まった時点で，各作業に資源を組み込み，制約条件を考慮して，スケジュールや資源を調整する。CP 法では，CP を決定するが，資源の最適化を実施しない。資源の割当が少ない作業には資源を追加することになる。しかし，資源の過不足を調整しなければならない社会基盤整備のような大プロジェクトでは，調達可能性や費用増加のリスクが生じる。その調整のために，**資源平準化**や**資源円滑化**，**逆資源配分スケジュール**を適用する。

資源平準化は，資源ベース技法とも呼ばれ，各作業における資源を平準化する。すなわち，作業の資源が超過している場合や作業や資源が同時に複数の作業に割当てられている場合，特定の時期しか資源が利用できない場合に用いる。資源の適用可能時期に合わせて，スケジュールや各作業の開始日と終了日を調整することになる。

建設工事プロジェクトでは，人材や材料，機械の資源調達を時間軸で集計した後に平準化させることがある。プロジェクトスケジュール表に基づいて，資源を期間別の作業に従って積み上げていくことを**山積み**という。一方で，作業が集中しないように，余裕日数を利用して作業に必要な資源を平準化することを資源の**山崩し**という。CP を変えないように，資源調達が計画されるが，必要な調達ができない場合には，生産能力に合わせたスケジュール表を作成する。このスケジュール表は CP の期間を延長する可能性がある。制約条件を踏まえ，再度スケジュール全体を調整することになる。その際に，資源円滑化が

用いられる。

資源の円滑化は，CP やプロジェクト終了日を変化させることなく，資源の再配分や追加を実施する。すなわち，作業のフロート内で作業を変更する。資源の適用可能性に疑念がある場合にも用いられる。例えば，タスクで必要な能力やスキルを有する要員が重要なタスクを担当し，それより能力やスキルの劣る要員は重要でないタスクを担当する。割当て不足の要員に多くのタスクが割り当てられるように，残業を要求することもある。後述の**ファスト・トラッキング**も円滑化の一手法である。

逆資源配分スケジュールは，特定の時期に，プロジェクト終了日を変えないように特定の資源を投入することである。例えばダムの設計で高度な耐震設計が途中段階で要求された場合に，専門家を雇用する事例である。リードとラグはすでに説明したとおりであり，実行可能なスケジュールを作成するために，リードとラグを調整する。

スケジュール短縮は，プロジェクトスコープを変えることなく，スケジュールの所要時間を短縮する技法である。**クラッシング**とファスト・トラッキングがある。クラッシングとは，スケジュールの CP に資源を追加して所要時間を短縮することである。工期と費用のトレードオフを検討する。結果的に，費用増加やリスクが高まることに注意すべきである。ファスト・トラッキングは，当初連続して実施予定だった作業やプロジェクト段階を並行して実施することである。作業や段階の一部や全体に対して適用できるが，設計の手戻りやリスクが高まる可能性がある。

さまざまな**スケジューリング・ツール**が開発されており，コンピュータで操作するマイクロソフトプロジェクトやプリマベーラなどのマネジメントツールは有名である。ただし，プロジェクト・マネジャーは，自分自身の判断で作成・調整することが必要である。資源標準化や円滑化の結果，人間関係が崩れないかを判断するのは，プロジェクト・マネジャーの仕事である。

スケジュール作成工程での主要な成果は，プロジェクトスケジュールである。スケジュールは，個々のプロジェクト作業の開始日と終了日や作業の所要

時間，作業間の依存関係，マイルストーン，スケジュールモデル内の資源を示す。スケジュールは，利害関係者の承認を得る必要がある。スケジュールに記載された資源の割当が承認されないと，スケジュールを最終決定することはできない。

　マイルストーンチャートも，スケジュール情報を示すのに，よく使用される。主要な成果物や重要なイベントの開始や完了の予定日を示す。利害関係者が理解し，承認するのに，使用される。

　プロジェクト基準スケジュールは，スケジュール開始日と完了日や資源の割当が記載されたスケジュールである。社会基盤プロジェクトなどの大プロジェクトでは，ガントチャートにより，CPや資源割当，作業依存関係を示す。基準スケジュールはスケジュールマネジメント計画書の一部であり，基準が変更になる場合には，変更管理手順に従う。

　プロジェクトでは，計画完了時期までに完了できない事態となる可能性がある。プロジェクト・マネジャーはリスク分析し，できるだけ早い時点から対策を打つが，新たな資源を投入しないと，工期を守れない事態になることもある。プロジェクトの変更管理工程における手順が明確に規定されていれば，それに従って対策することになる。

　しかし，日本のプロジェクトでは，更新手続きに時間を要することも多い。対策は早めに実行しないと効果が薄い。通常，単年度会計で企業活動を報告・精算するので，年度売上目標に満たない場合には，年度をまたぐプロジェクトの遅延による売上げの減少を，部門長や経営者は嫌う傾向がある。大規模プロジェクトになるとその影響は大きく，対策も難しくなる。したがって，承認された手順で根本的に解決するよりも，チーム内で残業をしてなんとかする，という判断になりやすい。特に年度末に企業で残業が増えるのは，単年度契約の影響もあるが，組織での収支目標達成の要因もある。

　【問題 3.16】スケジュール計画の重要な要素を説明しなさい。

　【問題 3.17】プロジェクトマネジメント計画書の要約版には，どのようなスケジュール表記が含まれるべきか？　それはなぜか？

【問題 3.18】 プロジェクトマネジメント計画書の要約版には，どのような資源要求が必要か？ それはなぜか？

【問題 3.19】 山岳トンネル工事プロジェクトで，どのようなスケジュール管理が考えられるか？

【問題 3.20】 上記プロジェクトは，スケジュールの実績が計画よりも遅れてきた。どのような対策が考えられるか？

【問題 3.21】 図 3.10 のコンクリート工事の工程表で掘削が 5 日，基礎工が 4 日に変更になった場合の工程を AON で図示し，工事の CP と完了までの最短日数を説明しなさい。

3.4 費用の見積と管理

3.4.1 予 算 の 作 成

〔1〕概   要

プロジェクトには必ず予算があり，予算内にプロジェクトを完了することが，成功の大きな要因となる。どのようなプロジェクトでも，プロジェクト・マネジャーが作成する実用上最も重要な文書は，スケジュールと予算である。プロジェクトコストをマネジメントするために，見積手法を用いて，スコープに従い，予算を作成する。コストマネジメント計画書には，費用を見積り，管理する方法が記載される。

〔2〕費用見積手法

費用見積手法は，所要工期予測手法に類似している。建設プロジェクトでは，専門家の判断や類推見積，変数見積，**積上げ見積**，予備設定見積の手法がよく使用される。委託契約や請負契約には，積上げ見積が通常使用される。

積上げ見積は，作業分解構成に詳細に展開した個々の作業あるいはワークパッケージ単位で費用を見積り，それらを集計してプロジェクト全体の費用を算出する。積上げ見積の精度は，作業分解構成に展開された個々の作業あるいはワークパッケージの大きさと複雑さに左右されるが，作業が適切に細分化されたものとなっていれば，最も信頼性の高い見積りであると考えられる。

〔3〕国内の建設工事プロジェクトの積上げ見積

国内の建設プロジェクトでは，一般に，発注者が予定価格を算出することを積算，受注者が入札額を算出することを見積として区分する。英語では，いずれも **cost estimation** であり，発注者に提出する見積書を **quotation** という。

（1）発注者の建設工事プロジェクトの積算　国内の公共事業の建設（土木）工事プロジェクトで発注者が作成する工事費積算の構成を**図 3.13** に示す[4]。工事費のうち，**直接工事費**の構成を**図 3.14** に示す[4]。直接工事費は，目的となる構造物を造るため，直接投入される費用である。間接工事費の構成を**図 3.15** に示す[4]。**間接工事費**は各工事部門共通の直接工事費以外の工事費および経費である。**共通仮設費**は，運搬費，準備費，事業損失防止施設費，安全費などからなる。**現場管理費**は，工事を管理するために必要な共通仮設費以外の経費である。**一般管理費**などは，施工する企業の経営費用となる。この構成に従って，積上げ見積を通常行う。消費税相当額は，工事価格に消費税率（現在8 %）を乗じたものである。

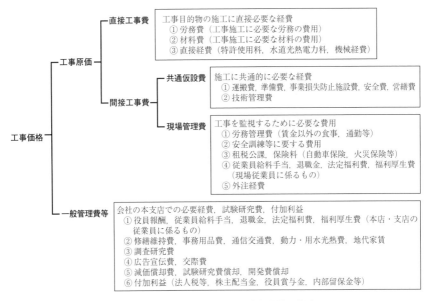

図 3.13　発注者が作成する工事費積算の構成

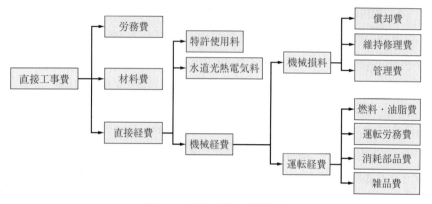

図 3.14　直接工事費の積算構成

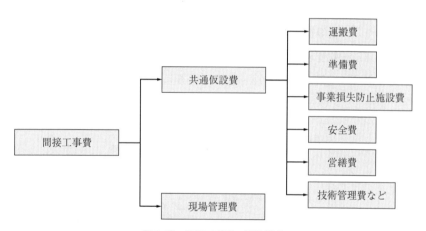

図 3.15　間接工事費の積算構成

　国内の公共事業の建設工事プロジェクトでは，発注者は，標準的な工法を想
定し，発注者の指定事項以外は受注者の裁量の範囲として積算する。積算によ
り予定価格を算出して発注する。現場条件と積算条件が異なれば設計を変更す
ることになる。工事費積算では，直接工事費の**歩掛**や労務単価，資材単価，機
械損料が重要な基礎データとなる。これらの基礎データを決定するための手法
を，発注者は，次のように標準化している。

ⅰ）**歩　掛**　　建設工事に広く使用される工法について，施工実態の調査を基に，標準的な施工が行われた場合の労務・材料・機械などの規格や所要量をおのおのの工種ごとに設定している。標準的な施工を想定した予定価格を算出するためのデータであり，実際の施工において，工法や機械を規定するものではない。したがって，使用機械の機種や規格が異なることがあり，それに伴って所要量も変わる。

ⅱ）**労務単価・資材単価**　　公共事業工事の積算に用いる単価であり，公共事業の労務費・資材費調査の集計結果を基に決定する。

ⅲ）**機械損料**　　建設会社が所有する建設機械などの償却費や維持修理費，管理費などを指し，これらのライフサイクルコストを1時間当たりまたは1日当たりの金額で示した経費である。国内の建設会社が所有する機械の標準的な使用実態をより迅速に反映させるために，毎年の実態調査（総務省統計調査）を基に改訂している。

（2）**受注者の見積**　　受注者（請負者）もこの積算構成に準じて見積を行う。ただし，同じ工事プロジェクトでも受注者の技術水準やマネジメント能力によって，見積は異なる。また，建設工事は，工場生産と違い，契約や施工体制，安全や環境のマネジメントなどで特殊なリスクがあるため，見積工程では専門家によって判断が異なる影響を受ける。

見積は，施工計画の方針をもとに，要素分割したワークパッケージの材料の算出や機械計画，労務計画から始める。そのために，受注者にとって適切な直接工事費の歩掛や労務単価，資材単価，機械損料を用いる。直接工事費以外の各費用も，各受注者は，その組織で定めた手法に従って，算定する。

受注者は，自社の所有する資本との関係で，以下の費用分類の視点からも戦略的に見積を行う。

ⅰ）**変動費（variable cost）**　　プロジェクトにおいては，一般に，プロジェクトの人員や設備の規模に応じて変化する費用であり，資源量に単位費用を乗じて算出されることが多い。

ⅱ）**固定費（fixed cost）**　　一般に，プロジェクト規模（資源量）が変化しても変動しない一定額の費用。

ⅲ）**直接費（direct cost）**　　プロジェクトが直接負担する費用。建設プロジェクトでは，雇用した作業員の人件費や材料費，機械経費などであり，下請に発注する場合には外注費が含まれる。

ⅳ）**間接費（indirect cost）**　　業務を行うために組織全体で使用される費用で，その一部がプロジェクトに費用負担として配分される。建設工事プロジェクトの間接費は，図3.13に示したように，工事現場での間接工事費と母体組織の本支店での一般管理費に分けられる。間接工事費には，各工種の施工に共通で使用される仮設備費用（共通仮設費）と現場管理費がある（図3.15）。これらの見積は，積上げまたは比率計算による一括計上を行う。元請会社の人件費は，通常，現場管理費に計上される。

　各受注者の所有する人材や資機材は異なるので，その見積は標準化されたデータによる結果とは異なることになる。また，工事の一部を下請に発注することにより，直接費や間接費などが変わる。下請の見積が元請の費用にも反映されることになる。

　また，事業の調達方式が変わると，発注者の積算や受注者の見積の水準と結果は変わる。建設工事プロジェクトでは，数量精算契約のほうが設計・施工一括契約での定額契約よりも，見積額は抑えられる。数量精算契約では，発注者は事前に詳細な測量や地質調査，水文調査を行い，詳細設計を完了しているので，受注者にとって工事リスクは低いと考えられるためである。入札時の設計の水準が異なるので，一括契約では，発注者が受注者による追加の調査や設計分の費用を上乗せしただけの積算よりも，受注者がリスク分析結果を反映した見積は，大きくなりやすい。

　設計や工事を対象とした建設プロジェクトでは，発注者は，積算基準や標準，指針に従って，積算し，入札を行う。その積算過程で直接扱わない作業は，積算対象とはならない。しかし，その作業項目は別の作業項目に含まれている可能性がある。受注者は，入札図書を理解し，工事計画を立て，工期や工

事費を見積る。発注者の積算は，受注者の見積とは結果が異なるのが普通である。受注者は，事業の要求事項を満たすことを条件として，できるだけ費用を抑えるように工事計画し，見積る。例えば，通常，入札で指定される仮設備は積算上，損料で計上される。受注者は，すでに償却した仮設備を所有していれば，それを利用し，工事費を抑えることができる。また，工期や費用の削減のために，工事の一部を下請に発注する案や，資源を自社でなく協力会社から調達する案もある。大規模な工事では，工期や費用を削減するために作業分析や作業順序設定によって，さらに詳細な分析を行う。

受注者の海外の建設工事見積も，手順は国内と基本的に同様である。ただし，現地法人の活用や当該国の地元の建設会社との共同作業などを見積に反映することになる。

（3）予備設定分析　費用見積には，不確実性に備えて，予備費を盛り込むことがある。予備費は基準コストに基づく予算から特定したリスクに配分される。この特定したリスクとは受容すると判断したリスクであり，それについては予備費設定または軽減策を講じる。予備費は，プロジェクトに影響する「既知の未知」に備えるための予算の一部とすることが多い。予備費は見積費用の一定比率あるいは一定金額とすることもあれば，定量的分析方法により設定することもある。

プロジェクト情報がより正確になるに従い，予備費は使用・削減・削除される。予備費はコスト関連文書の中で明確に記述しておく必要がある。予備費はプロジェクトの基準コストおよび資金調達の要求事項の一部である。

マネジメント予備（**management reserve**）とは，計画時に予見できないような未知のリスクに備えておく予備費で，基準コストに組み入れられていない。マネジメント予備を使用する際には，公式の手続きによって基準コストを変更しなければならない。

建設プロジェクトでは，見積を基に，**実行予算書**を作成する。工事プロジェクトでは，実行予算書も積上げによって，工事原価を算定するが，以下の相違点がある[5]。

- 見積は，発注者の標準に合わせて作成されるが，実行予算は会社（母体組織）の基準や標準に基づいて作成される。
- 見積は標準的な手法で算定するが，実行予算は，詳細な施工計画に基づいて，実際の調達条件に従って作成する。
- 実行予算は，原価管理などのために，工種別のほかに要素別（労務や材料，機械経費，外注など）の費用の内訳を作成する。

実行予算書作成では，施工計画の工程や調達方法，採用単価などを見直し，工期短縮や外注活用，労務，材料，機械，共通仮設などの資源の効率化による原価削減を図る。次に，リスク分析結果に基づいて，予備費計上や保険付保などの対策を講じる。それらに対する母体組織の承認を得るために，プロジェクト・マネジャーは，十分にリスク分析を行い，その結果に基づいて予備費を計上することになる。

　海外の建設プロジェクトでは，国内と違い，受注者は戦略的な見積を行い，プロジェクト期間中に利益を確保するための行動を取ることがある。欧米の会社は，海外プロジェクトを受注するために，入札額を見積よりも下げる戦略を取ることもある。リスク分析により，工事中にクレームを出して，設計変更を認めさせ，最終請負額を増額することを意図した手法である。日本の建設プロジェクトの慣習では，まずあり得ないが，海外ではこのようなことも発生するので，日本人が途上国政府や事業者にコンサルタントとして雇われた場合には，対応に注意しなければならない。国内の建設請負会社が海外でこの戦略を採用するためには，精度の高い見積や十分なリスク分析を行う必要がある。また，最終的にクレームが認められず，赤字になるリスクを母体組織の会社が認める方針を明確にし，クレーム処理を行うための組織作りも必要になる。

〔4〕費用見積の精度

　費用見積の精度は，設計水準と関係がある。社会基盤プロジェクトでは，予備（基本）設計，事業評価（概略）設計，詳細（実施設計）と各設計段階を経て，見積の精度が上がっていく。見積精度の範囲は，**概算見積（rough order of magnitude estimates）**水準の予備設計では−25 %から+50 %，**予算見積**

（**budget estimates**）水準の事業評価設計では精度を向上し，**確定見積**（**definitive estimates**）水準の詳細設計では，−5％から+10％が目安となる。

〔5〕基準コスト

プロジェクト予算設定工程は，見積から基準コストを作成し承認を得る工程である。基準コストは，プロジェクトの承認済み予算を時間軸で展開したものである。プロジェクトの発生費用の測定や監視に用いる。

3.4.2　生産価値マネジメント（EVM）

〔1〕生産価値の評価

プロジェクトの進行過程で，ある時点までに達成された**生産価値**（**earned value，EV**）を評価するために，プロジェクトの実績を測定する方法が考案されている。その評価手法は，計画作業量と実際の完了作業量とを比較するとともに，計画予算と発生費用を比較し，進捗と費用の両面から計画と実績の差異を分析する方法である。これは，費用管理工程で重要な手法の一つとなっている。**生産価値マネジメント**（**アーンド・バリュー・マネジメント，earned value management，EVM**）は，費用管理で優れた効果を発揮する。

〔2〕EVM 基本データ

EVM（**図 3.16**）では，計画段階で計画価値（PV）を作成し，測定時点でどれだけの価値を実際に生産しているかという生産価値（EV）と比較することによって，プロジェクトの実績を把握する。EVM では，価値を表す尺度として通常は貨幣を使用している。建設プロジェクトでは，EVM は計画予算に基づく出来高に相当する。そのため，時間とコストの両面で計画と実績とを比較できる。発生費用（AC）とは，実際にかかった費用を計上した数値である。

プロジェクトの進捗を測定し，計画と実績を比較して定量的に管理するために，**表 3.1** に示す3種類のデータが基本となる。

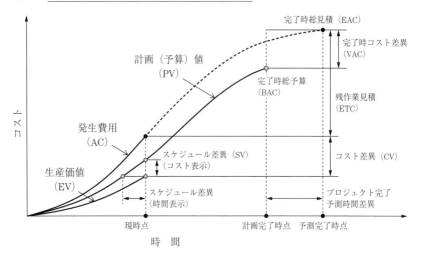

図 3.16 アーンド・バリュー・マネジメント

表 3.1 EVM 基本データ

データ名	進捗中のデータ名	意　味
PV（planned value, 計画値）	BCWS（budgeted cost of work scheduled, 計画予算値）	ある時点までに予測した完了作業に対する承認済の計画予算であり，予算基準値となる。
AC（actual cost, 発生費用）	ACWP（actual cost of work performed, 作業による発生費用）	ある時点までに実際に支出した累積費用。
EV（earned value, アーンド・バリュー, 生産価値）	BCWP（budgeted cost of work performed, 出来高）	ある時点までに完了した作業に見積った承認済み予算の合計値。単純には，総予算に作業進捗率を乗じた値。

〔3〕EVM 分析指標

表 3.2 に示す指標を用いて，プロジェクトが目標とする期間と予算の範囲内で完了できるようにプロジェクトを管理する。このような指標を分析した結果，プロジェクトの目標を達成することが困難と判断されれば，工期や予算を変更する工程を実施する。

表3.2　EVM 分析指標

指標名	計算式	意　味
CPI（cost performance index）コスト効率指数	CPI = EV / AC 　　= BCWP / ACWP	ある時点までに実施した作業に割当てた予算値と発生費用の比率（EV / AC）。
SPI（schedule performance index）スケジュール効率指数	SPI = EV / PV 　　= BCWP / BCWS	ある時点までに実施した作業に割当てた予算値と出来高に対応した計画値との比率（EV / PV）。
CV（cost variance）コスト差異	CV = EV − AC 　　= BCWP − ACWP	ある時点までに完了した作業に割当てた予算値と，その時点までの発生費用との差。
SV（schedule variance）スケジュール差異	SV = EV − PV 　　= BCWP − BCWS	ある時点までに完了した作業に割当てられた予算値と，出来高に対応した計画値との差。

〔4〕 EVM 予測指標

　前記指標はいずれもプロジェクト実行途中における指標である。しかしプロジェクトを管理するためには，現在までの実績を踏まえた上で，プロジェクトの完了時までにどのような結果が得られるかを予測する必要がある。プロジェクト完了時点での総費用を見積るために，**表3.3**の予測指標を利用する。

表3.3　EVM の完了時予測指標

指標名	計算式	意　味
BAC（budget at completion）完了時総予算	BCWS	プロジェクトの総予算（プロジェクト完了時点における PV）。
ETC（estimate to completion）残作業見積	4通りの条件で計算	ある時点から完了時までに必要な見積費用。
EAC（estimates at completion）完了時総見積	EAC = AC + ETC	ある時点で予測した，完了時までの総費用。
VAC（variance at completion）完了時コスト差異	VAC = BAC − EAC	ある時点で予測した，完了時までの総費用と見積との差。

　プロジェクトは開始後から，完了時点における指標値 EAC を定期的に監視しておけば，費用が許容値内に収まっているかがわかる。ETC は前提条件によって見積方法が変わる。ETC が決定されれば，AC を加えることで EAC は算定される。ETC および EAC は，以下の4通りの条件による計算で求められる。

1) これまでのコスト効率が，完了時まで継続する。

$$ETC = (BAC - EV) / CPI = BAC / CPI - AC$$

$$EAC = ETC + AC = BAC / CPI$$

2) これまでのコスト効率とスケジュール効率が，完了時まで継続する。

$$ETC = (BAC - EV) / (CPI \times SPI)$$

$$EAC = ETC + AC = (BAC - EV) / (CPI \times SPI) + AC$$

3) これまでに生じたコスト差異は，一時的であり，将来は計画（予算）値に従う。

$$ETC = BAC - EV$$

$$EAC = ETC + AC = BAC - EV + AC$$

4) 作業が計画どおりに進まないと予想して，残作業の費用見積を見直す。

$$ETC = 再見積値$$

$$EAC = ETC + AC$$

〔5〕 **残作業効率指数**

残作業効率指数（to complete performance index，TCPI）は，残作業を残予算で除した値である。残りの作業で達成すべきコスト効率を示す指標であり，次の2通りがある。EAC算定後は，EACに基づくことになる。

EAC算定前　$TCPI = (BAC - EV) / (BAC - AC)$

EAC算定後　$TCPI = (BAC - EV) / (EAC - AC)$

【問題3.22】 費用見積工程の手法（ツールと技法）を挙げなさい。

【問題3.23】 基準コストを説明しなさい。

【問題3.24】 あなたの会社は，EVMシステムを十分に理解していないので，管理職に理解をしてもらわなければならない状況にある。PVとEV，ACの入ったグラフを用いて，EVMの基本を説明しなさい。

【問題3.25】 EVMの基本データと分析指標，完了時予測指標の関係を説明しなさい。

【問題3.26】 EVMを適用するために必要となるプロジェクト計画の情報を挙げなさい。

3.5 品質マネジメント

3.5.1 品質マネジメントの取組み

品質は三つの制約条件，スコープ，工期，コストの影響を受けており，品質に関する懸案事項はどんなプロジェクトにも見られる。品質は，利害関係者の期待に沿う成果が得られたかどうかの判断基準となる。時間や予算を守ることも大切であるが，成果物が誤ったものや粗末なものになっては意味がない。

プロジェクト品質マネジメントは，プロジェクトの要求事項を満足するために品質方針や品質目標，品質責任などを決定する母体組織の工程と活動を含んでいる。品質マネジメントは，工程改善活動として，品質マネジメント計画を作成し，品質保証，品質管理を実行する。PMBOK での品質マネジメントの基本的な取組みは国際標準化機構（ISO）の品質水準と互換性を持たせようとしている。ISO との親和性を持たせるため，最新の品質マネジメント手法は多様性を最小限に抑え，定義された要求事項を満たす結果を実現するように改善されている。

「品質保証」という用語にも注意が必要である。日本では，品質保証は「品質管理活動の目的，あるいは中心的活動を指す」と認識されるが，ISO 9000 では，「品質要求を満たす信頼感を与えるために実施し，必要に応じて実証する計画的・体系的活動」という限定された意味で使う。ISO と親和した手法では，「検査よりも予防，PDCA による継続的改善，経営者の責任，品質費用が重要」で，「品質は，計画や設計によって成果物に組み込まれるものであり，検査で実現されるものではない」としている。経営者には品質の確保のために適切な資源を十分に提供する責任がある。

社会基盤には，4 要素からなる品質（① **安全性**，② **耐久性・保全性**，③ **供用性**，④ **美観・景観**）が要求される。① 安全性は，国民の生命と財産を守るために簡単には壊れないことで保証される。② 耐久性・保全性は，外力や自然条件などに対しての耐久性と長期にわたって供用されるための補修の容易さ，③ 供用性は，不特定多数の人にとっての利用しやすさである。④ 美観・

景観は，国民の価値観の多様化や，豊かさとゆとりのある生活の要望などから，施設の美しさや周辺との調和，芸術性などが求められている。

国内の多くの建設コンサルタント会社や建設会社は，ISO 9001 を認証取得しており，プロジェクトでは，母体組織の品質マネジメント工程用資源として利用できる。

3.5.2 計画作成の手法

品質マネジメント計画工程では，プロジェクトにとって適切な品質標準を目標として掲げ，そして標準を満たすための計画を作成する。この工程の成果物である品質マネジメント計画書にはプロジェクトマネジメントチームが品質方針をプロジェクトの工程でどのように実現するかを記述する。もう一つの重要な成果物として工程改善計画書がある。この文書には工程を分析して，最終的に顧客価値を高めるための処置を記述する。品質マネジメント計画工程の投入と手法などすべての要素は，これら二つの主要な計画書を作成するために使用される。

品質マネジメント計画工程の実行は他の計画工程と連動させる必要があるので，プロジェクトマネジメント計画書を活用する。品質マネジメント計画書の作成に用いる情報には，基準スコープや基準スケジュール，基準コスト，その他のマネジメント計画書が含まれる。

品質マネジメント計画作成の手法で，建設プロジェクトにも適用される品質費用と品質管理ツールを以下に説明する。

〔1〕品 質 費 用

品質費用とは，要求事項に適合するように予防したり，生産物やサービスが要求事項へ適合しているかどうかを評価したり，要求事項への不適合の結果として生じる手直しを行うことによって，成果物の生成から廃棄までに発生する費用の総額である。品質費用には，適合費用と不適合費用があり，適合費用は予防費用と評価費用，不適合費用は内部不良費用と外部不良費用に分けられる。

〔2〕**品質管理ツール**

建設プロジェクトでは，以下の五つのツールが品質関連の問題を解決するために PDCA サイクルの中でよく用いられる。

（1）**フローチャート**

（2）**チェックシート**

（3）**管理図**

（4）**特性要因図**

（5）**散布図**

（1）**フローチャート**　建設プロジェクトの計画では，フローチャートはよく使用される。品質マネジメント計画の手法としてだけでなく，プロジェクト全体や各マネジメント工程のフローチャートは，詳細な工程や作業の関連，作業順序を簡潔に表現することができる。プロジェクトの全体像や各マネジメント工程を要員が共通認識するのに役立つ。

（2）**チェックシート**　チェックシートはデータ収集時にチェックリストとして使用する。チェックシートは品質上の問題に関する重要なデータを効果的・効率的に収集しやすい方法で事実を具体的に表記する。

（3）**管　理　図**　管理図は，工程が安定しているか，あるいは予測内の実績であるかを判断するために用いる。仕様限界における上限と下限は要求事項に基づいたものであり，許容される最大値と最小値を反映している。管理限界における上限と下限は仕様限界とは異なり，統計分析を用いて定められる。

管理図を使ってさまざまな種類の出力変数を監視することができる（**図3.17**）。管理図はロット生産に求められる繰返し作業の追跡に最もよく利用される。例えば，バッチャープラントで製造するコンクリートの温度や強度の管理に用いられる。

（4）**特性要因図**　特性要因図は，魚の骨の頭に記載した問題から，魚の骨として表される要因を出しつくし，対処可能な根本原因が特定されるまで，なぜと問い続けることで原因を見出す。管理図で検出された異常で望ましくない結果を生み出す原因を探し出すのに役に立つ。これに基づいてプロジェクト

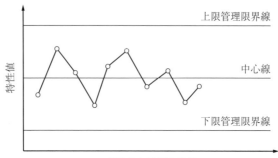

図 3.17 品質特性管理図

チームは原因を除去するための是正処置を取る必要がある。例えば，管理図を
用いて，コンクリート強度を管理しており，その強度が安定状態にないと判断
した場合には，その原因を探る。その際に，特性要因図を用いることがある
（**図 3.18**）。

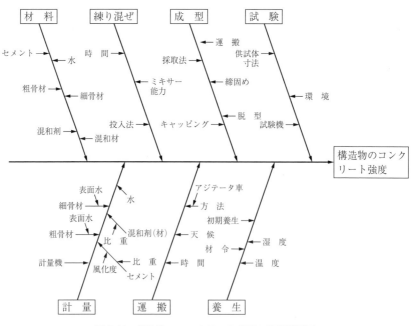

図 3.18 構造物のコンクリート強度の特性要因図

（5）**散 布 図**　　散布図は，独立変数 X と従属変数 Y をプロットしたもので相関図とも呼ばれる。相関関係の傾向は比例や反比例，または相関性が存在しないこともある。相関関係が認められる場合は，回帰線を計算し，独立変数の変化が従属変数に対しどのような影響を及ぼすかを予測するために使用できる。

　これらのほかにも建設プロジェクトでは，**ベンチマーキングや統計的サンプリング，ブレーンストーミング**，会議などの手法を用いて，品質管理する。ベンチマーキングとは実施中または計画中のプロジェクトと類似性の高いプロジェクトを選定・比較し，グッドプラクティスの選定や改善策の策定，実績の測定基準設定を行うことである。

　途上国で社会基盤整備の開発目標を計画する場合には，ベンチマーキングの手法を用いる。需要予測は，発注者から委託を受けて専門家が実行することが多いが，利害が直接影響するために，恣意的な結果を導くことは避けなければならない。途上国の開発計画では，開発側の利害関係者は，需要予測が高めになることを期待する。途上国は，自国よりも経済が進んでいて類似性の高い国の推移や現状を指標（ベンチマーク）やその参考とすることができる。国家における一人当たりの国内総生産と，電化率や上下水道の普及率は，国際的に相関が認められている。

3.5.3　品質の保証と管理

　品質保証は，品質標準と作業定義が確実に適用されるように，品質の要求事項と品質管理の測定結果を監査する工程である。この工程によって，品質工程の改善を助長する。品質保証は，品質マネジメント計画工程および品質管理工程で生成されたデータを使用して行う。

　品質保証の工程では，プロジェクトの品質マネジメント計画書に定義された一連の体系的な活動を実施する。品質保証の実施によって，将来または未完成の成果物や進行中の作業が，特定の要求事項や期待を満足する可能性を高める。品質保証は計画工程を通して欠陥を予防し，作業実施中に欠陥を検出する

ことにより，品質に問題がない状態を作り出す。この工程は，品質マネジメント工程の作業能力を向上させ，不要な作業を除去できるので，継続的な工程改善に役立つ。

　品質管理の工程では，プロジェクトの時間効率や費用効率などのマネジメントと成果物の視点から，作業結果を監視して，品質マネジメント計画書で定めた品質標準を満足しているかを確認する。満足しない結果となった原因を解明し，除去するために，品質管理はプロジェクト全体を通じて実施する。品質管理の手法として，計画段階で用いた品質管理ツールや統計的サンプリング，検査，変更要求の見直しなどがある。

【問題 3.27】品質の要求事項を満たすことの利点を挙げなさい。

【問題 3.28】ISO 9001 の品質マネジメントの計画と保証，管理の考え方を述べなさい。

【問題 3.29】社会基盤に要求される品質を説明しなさい。

【問題 3.30】建設プロジェクトで用いられる品質管理ツールを説明しなさい。

3.6　リスクの特定と分析

3.6.1　リスクマネジメントの基本と計画

〔1〕計画立案の考え方

　プロジェクトリスクマネジメントは，**図 3.19** に示すように，**リスクマネジメント計画**，**リスク特定**，**リスク分析**，**リスク対応計画**，**リスク管理**の工程で実施される。プロジェクトリスクとは，発生が不確実な事象と捉え，プロジェクトに悪い影響を与える可能性だけでなく，良い影響も及ぼす可能性があると考えられている。したがって，リスクマネジメントは，不確実性のある要因が及ぼす悪い影響を最小化し，良い影響を最大化することを目的とする。リスクは，プロジェクトにとって将来の脅威だけでなく，将来の好機になる可能性もある。

　リスクマネジメントは，プロジェクトの要求事項を満足するために，非常に重要で総合的なマネジメントとなっている。リスク対応計画の結果は，基準ス

コープと基準スケジュール，基準コストおよび時間や
コスト，品質，調達，資源の各マネジメント計画の変
更に用いる。

図3.19　リスクマネジ
メントの流れ

　国内の建設工事プロジェクトでは，発注者が各プロ
ジェクトでリスクを分析し，予備工期や予備費を設定
しているかは定かではない。受注者は，入札図書に
従って工事をするが，入札図書が現地条件に合わない
場合には，設計変更を要求し，承認されれば，工期や
工事費が変更される。受注者は，入札前段階のできる
だけ早い時期からリスクマネジメント計画書を作成
し，設計変更につながるリスクを特定する必要があ
る。また，落札後，受注者は実行予算書を作成し，工
期や予算の管理をする。予算書では，リスク分析結果
を反映し，予備費を設定する。

　海外の建設工事プロジェクトは，規模が大きくなると複数年度にわたる予算
に基づいて，発注される。大規模プロジェクトならば，通常，発注者も受注者
もリスク分析し，予備費を設定する。設計変更により，工期や工事費が変更さ
れることもある。建設プロジェクトにおいて，発注者および受注者は，リスク
分析し，時間やコストのマネジメント計画書に反映することはあるが，監視や
管理まで含めたリスクマネジメント計画書を必ずしも作成しているとは限らな
い。

　リスクマネジメント計画工程ではプロジェクトにおいて，リスクマネジメン
ト活動をどのように準備し実行するかを決定する。リスクマネジメント計画書
では，リスクに対する許容度の決定に役立つ情報を集め，組織のリスク方針を
決定する。リスク対応（不確実性の回避）は，国民性に依存することを2.1節
で説明した。多国籍チームでのプロジェクトでは，要員の国籍や個人経歴をプ
ロジェクト・マネジャーは確認し，リスク許容度も分析する。また，各要員
も，リスクへの考え方や行動が異なることを認識する。

　組織の有する工程用資源には，組織が有する方針や指針が含まれる。リスクマネジメント計画の際には組織の規定するリスク区分やリスクの記述形式，リスクテンプレートなどを入力情報として用いる。

〔2〕 リスクマネジメント計画書の作成

　リスクマネジメント計画工程の目的は，リスクマネジメント計画書を作成することである。この計画書にはリスク定義と，プロジェクトの全期間にわたる監視と管理の方法を記述する。計画書作成時には定められた役割と責任や利害関係者やプロジェクト・マネジャーがリスクマネジメント計画に関する意思決定を行うための権限レベルも検討する必要がある。

　プロジェクトマネジメント計画書はリスクを特定する際に最初に参照するものであり，リスクの評価方法を決定するためにも考慮する必要がある。リスクマネジメント計画工程の手法には，分析技法と専門家の判断，会議などがある。

　次の工程となるリスク特定のために，リスク区分を行う。リスク区分はリスクを体系的に特定するための手段であり，リスクを理解するための基礎にもなる。リスクの潜在的要素をリスク分類した，国内外の建設プロジェクトの例を**表3.4**に表す。海外でのリスクは，国内で発生するリスクとは異なることも多い。リスクが不明なプロジェクトは原則実施すべきではない。リスク区分の記述では，単純に列挙していく方法とリスク構成分解図を作成する方法がある。

表3.4　建設プロジェクトのリスク分類と要素

リスク分類	要　素
組　織	雇用，人材活用，教育，経営
市　場	市場規模，競合相手，物価変動
資　金	資金源，為替，資金回収
契　約	契約方式，取引先，クレーム
技　術	要求事項，基準，仕様書，ツール
外　部	政治，経済，治安，法令，宗教，文化，労務，戦争，交通事故，テロ，誘拐，火事
自　然	雨季と乾季，地震，台風，洪水，気候変動

　発生確率と影響度の定義や**発生確率・影響度マトリックス**の作成もリスクマ
ネジメント計画書に記述される。発生確率・影響度マトリックスは発生確率と
影響度の各数値の組合せに優先順位付けを行うもので，詳細なリスク対応計画
を必要とするリスクの決定に役立つ。

　計画書作成の主要な成果として，予算上の費用リスク要素や工期上の作業リ
スク要素が明らかになることおよび，リスクに対する責任の割当，予備の工期
と予算の決定や見直し，リスク区分の定義や変更，用語（発生確率や影響度，
リスクの種類，リスクのレベルなど）の定義作成などがある。

3.6.2　リスク特定

〔1〕リスク要素

　リスク特定工程ではプロジェクトに影響を与えるすべてのリスクを特定し，
リスクとその特性を文書化する。リスク特定は，進行中に新たなリスクが発生
するために，プロジェクトのライフサイクルを通じて繰り返し実行する工程で
ある。リスク区分に基づくリスク要素を表3.4に示した。リスクは不確実であ
り，リスクはプロジェクトの至る所に潜んでいることを忘れてはならない。プ
ロジェクト・マネジャーの仕事は，この工程の手法を使ってできるだけ多くの
リスク要素を発見し，それらを文書化することである。

〔2〕リスク特定の手法

　リスク特定では，特定要因図や**インフルエンスダイアグラム**（プロジェクト
の変数間の因果関係，すなわち事象の発生時期または時間的順序などのプロ
ジェクト変数およびその結果との関係を示すもの），**SWOT分析**（強み，弱
み，好機，脅威の観点から分析する技法）が用いられる。リスクはリスクデー
タベースや追跡システムに記録して，それぞれを整理した上で状態を監視する
必要がある。**トリガー**はリスクが問題として表面化しそうであるという警告の
サインまたは兆候である。

〔3〕建設プロジェクトのリスク特定

　国内の建設プロジェクトのリスクは，開始から終結まで共通，計画，建設，

運営管理の各段階で特定され，共通段階では，**図3.20** に示すように政治や経済，社会，企業などの共通リスクと，事業中止となる契約や環境などのリスクが存在する[6]。例えば，ダム・水力開発プロジェクトでは計画，設計から建設（施工），運営管理の各段階において，**図3.21** に示すようにさまざまなリスクが存在する[6]。

　建設工事プロジェクトでは，施工計画書が作成され，仮設備の計画も含まれる。大規模工事では，クレーンやモノレール，セメントサイロ，コンクリート製造用バッチャープラントなど大型の仮設備が設置される。仮設備は，用地交渉で一旦場所が決まっても，大型で長期にわたり使用されることもあり，工事開始後，運搬や騒音，振動に周辺住民から苦情が出されることもある。また，既設の道路は従来どおりの状態で生活や商業に使用されることになると，工事専用の道路が新設される。それでも，トレーラーやダンプカー，ミキサー車，

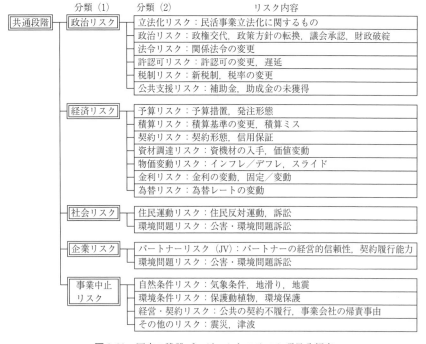

図3.20　国内の建設プロジェクトのリスク項目分類表

工事管理用車両など交通量が増えるので，交通安全や騒音，振動に関する苦情が出されるリスクもある。

　この計画はきわめて専門性が高いので，専門技術者が作成し，承認手順に従って，現場所長や本社の部門長などの承認を得る。また，大規模プロジェクトでは，全体の施工計画のほか，細部の計画や苦情に対する対策案も発注者の

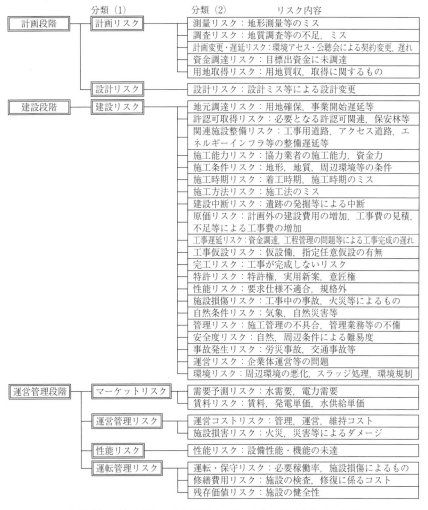

分類 (1)	分類 (2)	リスク内容
計画段階	計画リスク	測量リスク：地形測量等のミス
		調査リスク：地質調査等の不足，ミス
		計画変更・遅延リスク：環境アセス・公聴会による契約変更，遅れ
		資金調達リスク：目標出資金に未調達
		用地取得リスク：用地買収，取得に関するもの
	設計リスク	設計リスク：設計ミス等による設計変更
建設段階	建設リスク	地元調達リスク：用地確保，事業開始遅延等
		許認可取得リスク：必要となる許認可関連，保安林等
		関連施設整備リスク：工事用道路，アクセス道路，エネルギーインフラ等の整備遅延等
		施工能力リスク：協力業者の施工能力，資金力
		施工条件リスク：地形，地質，周辺環境等の条件
		施工時期リスク：着工時期，施工時期のミス
		施工方法リスク：施工法のミス
		建設中断リスク：遺跡の発掘等による中断
		原価リスク：計画外の建設費用の増加，工事費の見積，不足等による工事費の増加
		工事遅延リスク：資金調達，工程管理の問題等による工事完成の遅れ
		工事仮設リスク：仮設備，指定任意仮設の有無
		完工リスク：工事が完成しないリスク
		特許リスク：特許権，実用新案，意匠権
		性能リスク：要求仕様不適合，規格外
		施設損傷リスク：工事中の事故，火災等によるもの
		自然条件リスク：気象，自然災害等
		管理リスク：施工管理の不具合，管理業務等の不備
		安全度リスク：自然，周辺条件による難易度
		事故発生リスク：労災事故，交通事故等
		運営リスク：企業体運営等の問題
		環境リスク：周辺環境の悪化，スラッジ処理，環境規制
運営管理段階	マーケットリスク	需要予測リスク：水需要，電力需要
		賃料リスク：賃料，発電単価，水供給単価
	運営管理リスク	運営コストリスク：管理，運営，維持コスト
		施設損害リスク：火災，災害等によるダメージ
	性能リスク	性能リスク：設備性能・機能の未達
	運転管理リスク	運転・保守リスク：必要稼働率，施設損傷によるもの
		修繕費用リスク：施設の検査，修復に係るコスト
		残存価値リスク：施設の健全性

図 3.21　国内のダム・水力開発プロジェクトのリスク項目分類表

承認が必要となる。

　建設工事プロジェクトでは，発注者（事業者）と受注者（請負者）の契約および環境配慮に関するアセスメントやモニタリング計画書に基づいて発注者と受注者の役割分担が定められ，住民からの苦情などにそれぞれの役割に応じて発注者または受注者が対応する。海外の大規模工事プロジェクトでは，これらの文書は細部まで記載される。ただし，本来発注者が住民に工事説明をすべきであったが，説明しなかったために，トラブルが発生したこともある。海外では，発注者がすべきことは発注者が対応することで処理し，発注者から要求がなければ受注者が対応する必要はない。しかし，日本の建設会社は，契約上は発注者の責任でも，工事に対する住民からの苦情に積極的に対応する姿勢が見られる。これは，発注者と受注者の信頼関係が契約よりも優先する慣習や建設業が地元に根付いた産業であることに関係すると考えられる。プロジェクトのリスク回避の観点からは望ましいと考えられるが，国際標準契約での海外の公共工事では，まず起こり得ない。日本では，プロジェクト単体でコストやリスクをマネジメントするよりも，発注者や地域住民との信頼関係を築くことによって，長期的に経営をマネジメントすることを優先している。海外の建設工事プロジェクトでは，国内と異なるリスクが発生するので，その違いは4.1.5項「海外進出のリスクと対策」で具体的に説明する。

3.6.3　リ ス ク 分 析

〔1〕定性的リスク分析

　定性的リスク分析工程では，特定されたリスクがプロジェクト目標に与える影響とそのリスクの発生確率を判断する。またプロジェクト目標に与える影響に応じてリスクの優先順位付けを行い，優先度の高いリスクに注力することで効率的に対処できるようにする。この工程はプロジェクトの全期間を通じて実施する必要がある。

　一般的にリスクは，発生頻度と発生した場合に生じる損害の大きさで評価され，リスク対処（処理）方法は，負の事象が発生しないように原因などを制御

することと，負の事象が発生した場合に金銭面で損害を抑制する保険などの方法に大別され，これらは事象が発生する確率と損害額の大きさで使い分けられる。

　また，発生頻度と被害・損失の大きさの関係により，リスク対応戦略は**図3.22** に示すように**受容，軽減，転嫁，回避**の4項目に分類されている。しかし，事象発生予測の困難さ，および損害の影響度・波及効果は，リスクマネジメントを考える際の重要な要因となるため，それらをできるだけ正確に知ることがリスクの軽減につながる。

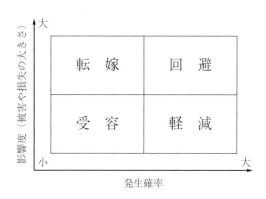

図3.22　発生確率と影響度に応じたリスク対応戦略

〔2〕定量的リスク分析

　定量的リスク分析工程では，定性的リスク分析結果から，優先順位の高いリスクの影響度を評価する。定量的リスク分析は，通常，プロジェクトに重大な影響を与える可能性があるリスクに対して実行される。この工程の目的は，特定した個別リスクと，他の不確実な要因が複合した影響を数値分析し，定量的なリスク情報を提供することである。

　定量的リスク分析の手法として，① リスクの確率分布，② **感度分析**，③ **期待金額価値分析**，④ **意思決定分析**，⑤ モデル化とシミュレーション などがある。感度分析は，リスクが及ぼす影響度を定量的に分析し，特に大きな影響力を持つリスクを選定するために用いる。期待金額価値分析は，起こり得る二つ以上の結果（正と負の結果）についてリスクの発生確率とその影響度の値を乗

じ，期待値を求めることで行う。意思決定分析は，相関を有する意思決定の順序を定め，各意思決定段階で選択したときの期待値を図示するものである。シミュレーションでは，モンテカルロシミュレーションなどが用いられる。

　定量的リスク分析の成果は，時間と費用に関する予備の軽減化や費用と工期の目標の達成確率，定量化したリスクの優先順位リスト，定量的リスク分析結果の傾向である。

3.6.4　リスク対応計画

　リスク対応計画はリスク分析の工程で明らかになった脅威を軽減し，好機を活用するために，採用すべき処置を決定する工程である。リスク対応計画が効果的であればあるほどプロジェクトが成功する可能性は高くなる。よく練られたリスク対応計画はプロジェクト全体のリスクを軽減する。

　リスク対応計画の作成が必要になるのは，発生確率が高くてプロジェクトに対する影響が大きいリスクや，発生確率・影響度マトリックスにおいて順位の高いリスク，定量的リスク分析の結果として高い順位が付与されたリスクである。この工程に役立つ入力情報はリスク登録簿とリスクマネジメント計画書である。リスク対応計画作成のために，以下の四つの戦略を用いる[7]。

　・ **脅威**（負のリスク）に対する戦略
　・ **好機**（正のリスク）に対する戦略
　・ **予備対応戦略**
　・ プロジェクトの**総合リスク対応戦略**

上記の中で最も基本となる，脅威に対する戦略を以下に説明する。

〔1〕回　　避

　リスク回避とは，脅威を取り除いたり，プロジェクトマネジメント計画を変更したりして，脅威を完全に排除して，プロジェクト目標を脅威の影響から保護することである。プロジェクトの初期に発生するリスクは，コミュニケーションの改善や要求事項の調整，プロジェクト活動への追加資源の割当，プロジェクトスコープの絞込などにより容易に回避できる場合がある。

〔2〕転　　嫁

リスク転嫁はリスクとその影響を第三者に転嫁するという考え方に基づく。リスクの転嫁は数多くの形で発生する。財務上のリスクを扱う場合は効果的である。リスク転嫁の手法として保険や契約がある。契約は，規定された業務の内容に応じて特定のリスクを外注者に転嫁する。外注者は不履行の費用を負担する責任を受け入れる。転嫁のほかの形態として保証や担保，履行保証などがある。

〔3〕軽　　減

リスク軽減では，脅威の発生確率を下げるか，その影響度を許容できるレベルにまで下げるための処置を講じる。軽減の目的はリスクが実際に発生する確率を下げることと，リスクの影響を許容範囲のレベルに収めることの両方，あるいは一方である。

〔4〕受　　容

リスク受容の戦略は，プロジェクトに対する脅威を認め，あらゆる積極的な行動を取らない。リスク受容はプロジェクトにとって脅威となるリスクと好機となるリスクのどちらにも使える戦略である。受動的と能動的な二つの戦略がある。受動的な受容は，リスクの回避や軽減をする計画をまったく用意しないという戦略である。リスクの影響を受容したほうが費用対効果が高い場合に用いられる。他方の能動的な受容としては，実際に発生したリスクに対処するための予備計画の作成，および予備工期や予備費の設定が挙げられる。

リスク対応計画工程では，予備工期と予備費のための計画が立案される。その計画ではリスクが実際に発生した場合に対処するための代替案も作成する。リスク対応計画の結果に基づいて，プロジェクトマネジメント計画書とプロジェクト文書を更新する。更新プロジェクト文書のリスク登録簿には，特定されたリスクの優先順位（各リスクの説明や影響を受ける作業分解構成要素，リスク区分，発生要因，プロジェクト目標への影響など）やリスクの順位，リスク対応責任者と責任内容，対応策，予備計画，予備工期と予備費用，残存リスクなどが記載される。

3.6.5 リ ス ク 管 理

リスク管理では，プロジェクト期間を通して，リスク対応計画を実行することで，特定したリスクの追跡および残存リスクの監視，新しいリスクの特定，リスク工程の有効性評価などを行う。この工程では，プロジェクトライフサイクルを通してリスクに対する取組みを効率化し，リスク対応の継続的な最適化を目的とする。そのための手法として，**リスク再査定**や**リスク監査**，差異と傾向の分析，技術的成果の測定，予備設定分析，会議がある。

【問題 3.31】リスクマネジメント計画の目的はなにか？

【問題 3.32】リスク特定の目的はなにか？

【問題 3.33】定性的リスク分析の目的はなにか？

【問題 3.34】定量的リスク分析の目的はなにか？

【問題 3.35】リスク対応計画の目的はなにか？

【問題 3.36】プロジェクトのリスクマネジメントをした具体的な経験と結果を説明しなさい。

3.7　チーム要員の計画と育成

3.7.1　計画作成の手法†

どんなに小規模なプロジェクトでも，資源が不足すると実行できない。資源は物的資源とプロジェクトチームの人材に分けられる。人材のチームマネジメントは，プロジェクトチームを組織し，マネジメントし，導いていく工程からなる。プロジェクトチームは，プロジェクトを遂行するための役割と責任を割当てられた要員で構成される。要員はスタッフとも呼ばれる。すべてのプロジェクト要員が，計画作成や意思決定に参加することが望ましいとされている。彼らの専門知識が他の要員を刺激する効果が期待されている。

プロジェクト資源マネジメントの工程には，計画や資源の獲得，チーム育成，チームマネジメントが含まれる。資源のうち，チームマネジメント計画

---

†　『PMBOK ガイド』では，human resource を人的資源と訳している。「人的資源」は「人材」のほうが一般に使用されている。

は，プロジェクトにおける役割や責任，および必要な能力，上下関係を特定した上で，チームマネジメント計画書の作成を行う工程である。計画書には，プロジェクトチーム要員をいつ，どのように，どこで，どのくらいの期間，確保するかを記述する。訓練の必要性や表彰・報奨の計画も含まれる。建設プロジェクトでも，チームマネジメント計画書は一般に作成される。

チーム要員の役割と責任を規定する書式は，階層型・マトリックス型・文書型に分類できる。階層型のチャートは，要員の役割とその関係をトップダウンの形式で示す。組織や要員の構成も作業分解構成同様に作成する。一般的なプロジェクト階層型組織図を**図 3.23** に，電力開発計画プロジェクトチームの例を**図 3.24** に示す。

マトリックス型の責任分担マトリックスは，ワークパッケージとそれに割り当てた要員を格子状に示す表である。文書型は，詳細な役割と責任を記述する場合に用いられる。文書型に基づく電力開発計画プロジェクトの作業分担例を**表 3.5** に示す。

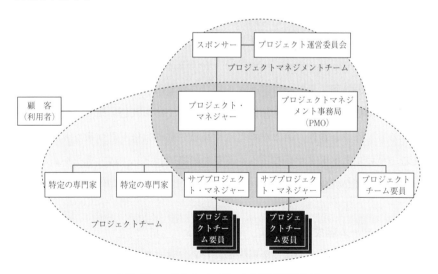

図 3.23 一般的なプロジェクト階層型組織図

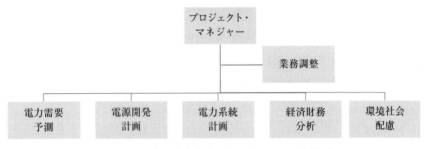

図 3.24 電力開発計画プロジェクトチームの組織図

表 3.5 電力開発計画プロジェクトの作業分担例

担当項目	担当者	作業内容
プロジェクト・マネジャー	太郎	プロジェクトマネジメントを統合して実施。
業務調整	花子	発注者との調整，各種手配，予算管理など。
電力需要予測	一郎	将来の電力需要を予測する。
電源開発計画	二郎	需要に応じた発電所開発計画を立てる。
電力系統計画	三郎	電源開発計画に従い，電力系統開発計画を立てる。
経済財務分析	四郎	電源や系統の開発・運営の経済財務分析を行う。
環境社会配慮	五郎	発電所や送電線の建設・運営による自然・社会環境影響を分析する。

　社会基盤の計画・設計プロジェクトでは，作業の種類・量と作業を実行する専門家の関係や組織が実施計画書などで明確に定められる。建設工事プロジェクトでも，作業と責任，および担当者や組織の関係は施工計画書などで規定される。プロジェクト・マネジャーや所長を組織の長とし，各作業チームを単位とした組織図が作成される。

3.7.2　チーム編成と育成
　多くのプロジェクトでは，要員任命のために調整や交渉が必要となる。プロジェクト・マネジャーやその任命者，スポンサーなどが，機能部門のマネジャーや母体組織内のほかのプロジェクトマネジメントチーム，あるいは外部

組織，下請会社，派遣会社などと交渉し，適切な人材を確保する。

　プロジェクト・マネジャーは，チームとして高い成果を上げ，プロジェクト目標を達成するために，チームを形成・維持・動機付けし，奮起させるような力量を身につけなければならない。チームワークはプロジェクトを成功させるために不可欠な要因であり，プロジェクトチームの効果的な育成はプロジェクト・マネジャーが担うおもな責任の一つである。

　プロジェクトチームは，文化的な違いを活かし，プロジェクトライフサイクルを通して，チームの育成と維持に注力し，相互に信頼できる環境の中でおたがいに協力しあえる基盤を作るべきである。育成によって，対人関係や技術力，全体的なチーム環境とプロジェクトの実績が改善される。そのためには，プロジェクト期間を通じて，適切なタイミングで，明確かつ効果的・効率的にチーム要員相互のコミュニケーションを行う必要がある。

　チーム要員がおたがいに良い環境を作りだす動機付けの理論は数多く存在し，以下に代表的なものを示す。

マズローの欲求5原則（アブラハム・マズロー）

　欲求は階層の下位から上位へと順番に満たされる。

衛生理論（フレデリック・ハーズバーグ）

　職場環境（給与，手当，仕事の条件）は不満を抑える。

期待理論（ビクター・ブルーム）

　良い結果を期待することで動機付けが促進される。

達成理論（デイビッド・マクレランド）

　人は達成感，権力，親和欲求によって動機付けられる。

3.7.3　チームマネジメント

〔1〕チーム形成活動

　チーム形成活動の目的は，個々のチーム要員が効果的に協力して作業できるようにすることである。チーム要員が顔を合わせることなく，離れた場所で作業している場合に特に重要になる。非公式なコミュニケーションや活動は，信

頼を高め，良好な人間関係を築くのに役立つ。

チーム育成のモデルの一つ，タックマン・モデル（タックマン 1965 年，タックマン＆ジェンセン 1977 年）では，チームは**五つの発展段階**（成立，動乱，安定，遂行，解散）を経過していくと述べている。

成立段階はチームを作る段階，動乱段階は要員が責任範囲を決定し，活動を開始する段階，安定段階はチーム要員がおたがいを知り，プロジェクトの問題に関心が移る段階，遂行段階はチームワークが成熟した段階，解散段階はチームが解散するためのプロジェクトの終結段階である。動乱段階は，チーム要員間で衝突や対立が発生する可能性があり，チーム要員が非協力的になるとチーム環境は非生産的になる。プロジェクト・マネジャーは，安定段階に移行するために，チームの行動力学を理解し，注力する。

優れたチームは活気があふれている。多くの場合，そうしたチームは高い水準の能力を発揮し，作業を完了させることにやりがいを感じている。プロジェクト・マネジャーは，コミュニケーションが円滑で，対立や衝突がなく，役割や責任を確実に果たそうとする意識の高い人間関係が構築されたチームを作ることを目指している。その結果，プロジェクトの生産性や品質が向上し，費用が低減し，プロジェクトが成功する可能性が増す。

逆にうまく機能しないチームでは，これらとは逆の結果が生まれる。チーム要員に，不愉快な態度や無関心，やる気のなさが見られ，進捗会議では愚痴や不満，他人の非難ばかりが聞かれる。プロジェクト・マネジャーは，このような現象や兆候が現れていないか観察し，事前に状況を是正する処置を講じる。事態が悪化すると，プロジェクト・マネジャーはチーム要員からの敬意と信頼を失うことになる。この現象は，1.3 節「マネジメントは役に立つのか」で具体的に述べた多くの不平や不満に相当する。事態を良い方向に転換するには，プロジェクト・マネジャー，あるいは企業などの組織では，組織の長が，リーダーシップを取って，優れたチームとなるように，チームを編成・育成していかなければならない。

〔2〕対立・衝突のマネジメント

チームマネジメントの技法の一つに対立・衝突のマネジメントがある。プロジェクトでは，対立・衝突が避けられないこともある。原因としては，資源不足や作業の優先順位，個人の作業形態などがある。プロジェクト・マネジャーは，プロジェクトを成功させるために対立・衝突の解消能力が求められる。対立解消には一般に五つの方法（撤退や回避，鎮静や適応，妥協や和解，強制や指示，協力や問題解決）がある。

プロジェクト・マネジャーができる人材は，コンサルタント会社や建設会社を始め，どの企業や組織でも必要であるが，不足している。優れたプロジェクト・マネジャーはコミュニケーションが上手である。しかし，それだけではマネジメントできない。日本人だけのチームでもうまくマネジメントするのは大変であるが，外国人を含む多様な要員からなるチームで，プロジェクトをマネジメントしていくためには，優れたマネジメント能力とリーダーシップ，人間性が求められる。

【問題 3.37】 あなたが関わったプロジェクトの資源を説明しなさい。

【問題 3.38】 プロジェクトチームとプロジェクトマネジメントチームの違いはなにか？

【問題 3.39】 対立・衝突のマネジメントの五つの方法とはなにか？

【問題 3.40】 プロジェクトのチーム要員に起因して発生する可能性がある問題はなにか？ それを解決するためになにをすべきか？

3.8 コミュニケーションもマネジメント

3.8.1 コミュニケーションの重要性

コミュニケーションは情報の送り手と受け手の間の双方向のプロセスである。コミュニケーションは，プロジェクトに限らず，組織やチームで情報を伝達したり，共有するために必要となる。多様な利害関係者へのメッセージの伝達遅延や情報提供不足，メッセージの誤解などの不適切なコミュニケーションは，関係者の摩擦や欲求不満，作業の非効率につながる。これらは，工期遅延

や費用増加を引き起こし，プロジェクトを失敗させる要因となる。このような事態が発生しないように，コミュニケーションマネジメントが適切に実施されなければ，プロジェクトは成功しない。

　話を聞くことはコミュニケーションの重要な部分である。それは学習可能な技術であり，プロジェクトで何が起こっているかを発見するために，プロジェクト・マネジャーおよびすべての利害関係者にとって重要である。ドラッカーも，リーダーの資質として，相手の話を聞く能力と自分の話を相手に伝えられる能力を挙げている[8]。プロジェクト・マネジャーは，必要なことを一方的に伝えるだけではコミュニケーションを成立させられない。

　良い情報は伝えやすいが，良くない情報は伝えにくい。自分のミスが見つかったり，組織内の問題を発見したりしたときに，誰にどのような方法で伝えるか？ 人間性の優れた顧客やスポンサーならば，プロジェクト・マネジャーは，コミュニケーションも取りやすい。しかし，そうでない相手に良くない情報を伝えることは精神的につらいものである。一方で，プロジェクトマネジメント上，必要な情報は適切なタイミングで伝達しなければならない。プロジェクトに反対する関係者に，どの範囲の情報を伝えるべきか？ また，さまざまな立場の利害関係者に対して，誰と情報共有すべきか？ 精神的にもタフでなければ，適切なコミュニケーションマネジメントはできないだろう。

　プロジェクト・コミュニケーション・マネジメントは『PMBOK ガイド』では次のように説明されている[1]。

　　「プロジェクト・コミュニケーション・マネジメントには，プロジェクトとステークホルダーの情報ニーズが，資料の作成と，効果的な情報交換を達成するために意図された活動を通して満たされていることを確実にするために必要なプロセスが含まれる。」

　コミュニケーション活動には，多くの**潜在的側面（potential dimension）**，すなわち，プロジェクト内部とプロジェクト外部，公式（報告書や議事録）と略式（電子メールやメモ，その場限りの話し合い），垂直方向（組織内の上下関係）と水平方向（同僚），文書と口頭などがある点も考慮しなければならない。

3.8.2　計画作成の手法

　コミュニケーションマネジメント計画は，利害関係者が求める情報に対して使用可能な資源を用いて，効果的・効率的にコミュニケーションを行うための計画を作成する工程である。ほとんどのプロジェクトにおいてコミュニケーション計画は，プロジェクトマネジメント計画の作成中など，きわめて早期に行う。効果的なコミュニケーションとは，形式や時期，対象者，さらに影響力すべてが適切に情報提供が行われることである。効率的なコミュニケーションとは必要な情報のみを伝達することである。

　プロジェクト情報を伝達する必要性はすべてのプロジェクトに共通するが，情報に対するニーズや情報伝達方法の差には大きな幅がある。さらにプロジェクト情報の保存や検索，最終的な処分方法は，この工程で検討し，適切に文書化する必要がある。重要な検討事項には，だれが，だれに，いつ，どこに，どのような形式で，情報を伝え，保存するかが含まれる。

　コミュニケーションマネジメント計画工程の結果は，継続的に適用できるように，プロジェクトを通して定期的に見直し，必要に応じて修正することが必要である。国際的なプロジェクトでは，文化的・組織的背景の異なる要員でチームを編成するので，コミュニケーションの技術やモデルは，十分に検討し，計画しなければならない。

〔1〕**コミュニケーション技術**

　利害関係者間でプロジェクト情報を伝達・共有することはプロジェクトの成功にとって非常に重要であり，さまざまな手段を使用する。情報の手段として，会議や手紙，電話，メールなどがある。

〔2〕**コミュニケーションモデル**

　基本的なコミュニケーションモデルは送信者と受信者という二者によって構成される。基本的なコミュニケーションモデルにおける手順は，**コード化**（考えが送信者により言語に変換される），メッセージの送信，解読，受信確認，フィードバック，応答である。コード化された内容の誤解は，コミュニケーションの失敗につながる。

コミュニケーションはメッセージの送り手と受け手の関係によって，**図3.25** に示す三つの方法に分けられる。

① プッシュ型：特定の受け手に送る
② プル型：受け手が能動的に情報を求める
③ 相互型：二者間

図 3.25 コミュニケーションの3通りの方法

プッシュ型は，送り手が受け手に対してメッセージを送る。「プッシュ型」はプロジェクト運営の基本であり，計画に従った作業の指示に使う。

プル型は，受け手が能動的にメッセージを取りにいく方法である。例えば，担当者は成果物の作成作業に必要な情報を判断し，プロジェクト専用のデータベースを検索する。プロジェクトが軌道に乗って「プル型」が定着すれば，プロジェクトはうまく進行していく。

相互型は送り手と受け手が相互にメッセージをやり取りする。両者が合意を得るのに最も効率的である。

これらは，メッセージの内容や緊急性，受け手の能力や知識水準などに応じて使い分ける。プル型や相互型が多くなると，チームのコミュニケーションは，能動的で円滑になるといえる。そのためには，メッセージの送り手となるプロジェクト・マネジャーの方針や姿勢が問われる。チーム要員がよい関係を築き，積極的に活動するようになるには，コミュニケーションの方法を適切に選択し，実行する。

好景気だった昭和期では，年功序列や終身雇用による長期にわたる組織内の上下関係で「プッシュ型」が効率的で主流だったかもしれない。しかし，人材や要員が流動化・多様化した現代では，単純なプッシュ型だけでは，プロジェ

クトや組織はうまくマネジメントできないと考えられる。ましてや，多国籍要員からなる海外プロジェクトでは，「プッシュ型」に頼る一方的なコミュニケーションでは，要員間の信頼関係は築けない。特に，途上国のチーム要員や利害関係者に対して，「プッシュ型」を好むプロジェクト・マネジャーでは，コミュニケーションはうまくできない可能性が高い。

　多国籍要員のチームでは，ある要員が他国の要員に自分の考えを伝達するには，メッセージを適切な言語にコード化し，さまざまな技術を駆使してメッセージを送信し，受信者がそのメッセージを自国語へ変換し，送信やフィードバックをするというプロセスを経る。途中でなんらかのノイズが生じるとメッセージ本来の意味が伝わらなくなることもある。このようなプロジェクトでは，メッセージの真意の誤解や誤った解釈につながるさまざまな要因があるので，注意しなければならない。

　プロジェクトに使用されるコミュニケーション方法の選択（既出の３種類）は関係者間で議論し，コミュニケーション要求事項，および費用と時間の制約，コミュニケーションプロセスに適用可能なツールや資源の認知度合と可用性に関して合意しておく必要がある。

　コミュニケーションマネジメント計画工程では，プロジェクト情報を求める各利害関係者の要望に応えるために，情報を更新・伝達するための最も適切な方法を決定する。通常，プロジェクトチーム内の議論と対話のために会議が開かれる。会議は，対面で実施するほかに，プロジェクトの現場や顧客先などの離れた場所からオンラインで実施できる。議題は，その会議用に文書化された議事次第やその他の情報とともに事前に配布される。その後，この情報は，必要に応じて適切な利害関係者に伝達される。

3.8.3 進 捗 報 告

　コミュニケーションマネジメント計画書に従って，コミュニケーションを行い，マネジメントしていく。進捗報告は，プロジェクトを管理するために重要な資料である。進捗報告は，状況報告書や進捗の測定値，予測を含む進捗情報

を収集し，配布する活動である。プロジェクトの進捗と結果の予測を理解し，
伝達するために，進捗報告では，各基準値と実績値との比較を定期的に収集し
分析する。

　その形式は単純な状況報告からより複雑な報告までさまざまで，定期的に作
成されるものから，非定期で作成されるものまである。単純な状況報告書では
達成率や分野別状況（スコープや工期，コスト，品質など）をダッシュボード
表示して，進捗情報を示す。詳細な状況報告書には，完了した作業や次の報告
までの予定作業のほかに，過去の成果分析や費用と工期の予測分析，リスク分
析などの事項が含まれる。進捗報告では，利害関係者間のコミュニケーション
のために，しばしばプロジェクト会議が開催される。会議は，計画や組織，動
機付け，管理に関する各マネジメント工程で効果的・効率的に実施される。

　国内で日本人同士のプロジェクトでは，同一言語でコミュニケーションで
き，似たような思考や慣習を持つため，簡単な手法で効率的に利害関係者とコ
ミュニケーションできる可能性は高い。しかし，多国籍要員のチームで多様な
利害関係者がいる場合には，プロジェクト・マネジャーは，さまざまな情報を
必要に応じて文書化し，正確に，適切なタイミングで，彼らに伝えていかなけ
ればならない。

【問題3.41】日常生活や仕事のどのような場面や状況でコミュニケーション
　　　　　　をもっと取らなければならないと感じるか？

【問題3.42】日常生活や仕事のどのような場面や状況でコミュニケーション
　　　　　　を取りにくいと感じるか？

【問題3.43】コミュニケーションモデルとはなにか？

【問題3.44】コミュニケーションモデル（方法）に基づいて，どんな事態が
　　　　　　コミュニケーション不足や誤解につながるかを説明しなさい。

【問題3.45】コミュニケーションの潜在的側面を説明しなさい。

【問題3.46】プロジェクト要員10人のコミュニケーションチャンネルはい
　　　　　　くつか？

【問題3.47】プロジェクト・マネジャーがコミュニケーションマネジメント

で実行すべきことはなにか？

【問題 3.48】 プロジェクトが失敗する要因をコミュニケーションマネジメントの観点から説明しなさい。

3.9　外部からの調達

　プロジェクト調達マネジメントは，生産物やサービス，成果をプロジェクトチームの外部から購入または取得する工程からなる。外部組織（発注者や購入者）が実行組織（受注者や納入者）からプロジェクトの生産物やサービス，成果を取得する。この工程には，外部組織あるいは実行組織のどちらの組織も関係する。プロジェクト調達マネジメントでは，外部組織や実行組織が発行する契約書を管理し，プロジェクトチームに課せられる契約上の責務も管理する。プロジェクト調達マネジメント工程には，調達マネジメント計画や調達実行，調達管理，調達終結が含まれる。

　プロジェクト調達マネジメントの工程では，契約を含む合意書，すなわち購入者と納入者の間で交わす法的文書を扱う。契約に従うと，納入者には価値のあるものを提供する義務があり，購入者にはその対価を支払う義務がある。おたがいに相手を拘束する合意である。調達契約には，調達条件が記載され，さらに納入者が実施または提供するものを明確にするために，購入者が指定した項目が含まれる。契約は適用区分によって，協定書や合意書，下請契約書，注文書などと呼ばれる。納入者も適用分野によって，請負者（コントラクター）や下請（サブコントラクター），納入業者，小売業者，サービス提供者などに識別される。

　調達のプロジェクト文書は，契約や合意に法的な拘束力を求めるので，契約や法務，購買，技術などの各分野の専門家の支援も必要となり，他のプロジェクト文書よりもより広範な承認を求める。組織が用いるさまざまなタイプの契約文書は調達マネジメント計画書作成工程の入力情報となり，組織の工程用資源でもある。公式の調達方針や手続き，指針，および過去の外注者リストなども工程用資源である。

すでに述べたように，発注者と受注者は対等な立場で，契約という法的拘束
に従っておたがいの責務を遂行する。発注者は対価の支払いにおいて，その立
場を利用して，契約以外のことを要求してはならない。また，受注者が要求事
項の不明な点を質問した場合には，文書化して明確にする責任があると考えら
れる。

政府が実施してきた社会基盤プロジェクトでは，近年さまざまな調達や契約
がなされるようになった。プロジェクトの調達方式には，民間資金活用事業や
官民連携事業があり，その事業の契約方式には，**設計施工一括（engineering
procurement and construction，EPC）**や**建設・運営・移転（build operate
and transfer，BOT）**，**建設・移転・運営（build transfer and operate，
BTO）**，**建設・所有・運営（build own and operate，BOO）**などがある。ど
の契約方式を用いるかが調達マネジメントでは非常に重要になる。詳細は，4
章で解説する。

【**問題 3.49**】 プロジェクト調達マネジメントはなぜ必要か？

3.10 変更管理と終結

3.10.1 統合変更管理

統合変更管理はプロジェクト統合マネジメントの一部である。統合変更管理
はすべての変更要求を見直し，変更の採否を決定して，成果物および組織の工
程用資産，プロジェクト文書，プロジェクトマネジメント計画書などへの変更
をマネジメントし，それらの処理を行う工程である。この工程はプロジェクト
の変更を統合的な方法で処理することによって，リスクを軽減させることも目
的としている。

統合変更管理工程はプロジェクトの開始から完了に至るまで実施され，プロ
ジェクト・マネジャーが責任を負う。変更はプロジェクトの利害関係者のだれ
からも要求される可能性がある。変更は口頭で発案されることもあるが，必ず
書面に記録し，変更管理システムやコンフィグレーション（成果物の構成や仕
様）のマネジメントシステムに入力しなければならない。変更要求は変更管理

システムとコンフィグレーションのマネジメントシステムで規定された工程に従って処理される。この変更要求工程では予測工期と見積費用に及ぼす影響についての情報が必要となることがある。

　すべての変更要求文書において，プロジェクトのスポンサーまたはプロジェクト・マネジャーなどの責任者が変更要求の採否を決める必要がある。責任者はプロジェクトマネジメント計画書または組織で定められた手順の中で決定される。必要に応じて変更管理委員会が統合変更管理工程に参加する。公式に認可された変更管理委員会は，プロジェクトの変更を見直し，評価して，承認あるいは保留するとともに却下した決定を記録することに責任を有する。変更要求が承認されると新規あるいは改訂の費用見積や作業順序・スケジュール・資源に対する要求事項，リスク対応の代替案の分析が必要となることがある。これらの変更により，プロジェクトマネジメント計画書やその他のプロジェクト文書の調整が必要になる場合がある。変更管理を適用する水準は，適用分野やプロジェクトの複雑さ，契約要求事項，プロジェクトの実施状況や環境によって異なる。

3.10.2　プロジェクトの終結

　プロジェクトや段階（フェーズ）の終結は，プロジェクトや各段階を公式に終了するために，すべてのプロジェクトマネジメント工程のすべての作業を完結する工程である。この工程は新たな活動に着手するために教訓を提供し，プロジェクト作業を公式に終結し，組織の資源を解放するために行われる。教訓は，プロジェクトの成功と失敗の分析結果を記録して，今後のプロジェクトに活かすことを目的とする。

　プロジェクトの終結では，プロジェクト・マネジャーが，先行する段階の終結から引継いだすべての先行情報を見直し，すべてのプロジェクト作業の完了とプロジェクトの目標達成を確認する。プロジェクトスコープはプロジェクトマネジメント計画書と照合して評価されるので，プロジェクト・マネジャーは，プロジェクトを終結する前に，基準スコープを見直し，スコープの完了を

確認する。完了前にプロジェクトを打ち切る場合にはプロジェクトや各段階の終結工程で，その理由を調査し，文書化するための手順も確立する。これを確実に実施するためには，プロジェクト・マネジャーは，すべての利害関係者をこの工程に関与させる必要がある。

　大規模な建設や社会基盤整備のプロジェクトでは，スコープが複雑になる。計画や設計のプロジェクトでは，そのサービスの成果は報告書や図面となるが，建設物に比べて，成果がスコープを満足しているか，判断しにくい側面もある。これらのプロジェクトでは，中間時点や最終化の前段階でプロジェクト・マネジャーが，スコープの満足度を確認することが重要である。スコープを満足しない状況は，後工程になればなるほど，資源追加に苦慮することになり，費用増加の可能性が大きくなる。

　プロジェクト・マネジャーは，すべての作業が完了し，その目標を達成したことを確認した後，プロジェクトから解放される。優れたプロジェクト・マネジャーには，ただちに次のプロジェクトが待っている。

　【問題 3.50】統合変更管理の目的はなにか？

　【問題 3.51】教訓の使用目的はなにか？

　【問題 3.52】プロジェクトを終結するために，起こりそうな問題はなにか？

4章　建設プロジェクトの国際化

　本章では，国内外の建設プロジェクトを取り巻く近年の状況変化を受けて，プロジェクトマネジメントの視点から今後の建設や社会基盤整備の課題と対策を述べる。プロジェクトマネジメントは，実際の建設プロジェクトに応用することによって，さまざまな効果を生み出すことができる。

　まず，日本の建設業の海外での受注や活動の実態を述べ，その課題を探った。コミュニケーションや，契約などのリスクマネジメントに関する多くの課題が日本企業によって認識されている。近年，海外の社会基盤整備は，政府の財政負担を軽減するために，民間の資本も利用して開発するようになってきた。そのためにプロジェクトの調達や契約の方式が変化している。

　社会基盤整備にとって環境社会配慮との協調は，長年の課題であり，課題解決のための国際機関の取組みも変化してきた。途上国の社会基盤を開発するには，環境に配慮し，収益も得られるように，官民で適切に役割とリスクを分担し，官民連携で取り組んでいく新たな方式が求められている。

　日本の政府開発援助による途上国の社会基盤整備の成果は，国内外で十分に理解されていない状況にある。プロジェクトの評価は公平に実施され，公開される必要がある。今後，プロジェクト評価は，開発を支援する側だけでなく，支援される側の評価も求められている。

4.1　建設業の海外活動

4.1.1　社会基盤整備と経済成長

　すでに述べてきたように，多くの社会基盤整備は，大規模プロジェクトであり，国内外でさまざまな利害関係者が，プロジェクトに関与し，成果を上げてきた。日本は，太平洋戦争での敗戦後，復興を経て，1990年代初めまで着実に経済成長してきた。日本人は生活が豊かになって喜んだ一方で，世界は日本の復興や経済成長の速度に驚いた。これらの経済成長や国民生活向上の要因として，社会基盤整備があった。まず，戦後の焼け野原に道路を建設し，全国に

鉄道を敷いた。灌漑用にダムや農水路も建設され，効率的に農業ができるようになった。産業や生活のための電気を供給するために，戦後まず水力発電所を開発し，その後大規模な火力発電所が運転開始した。1964 年には東京オリンピックを開き，新幹線もそれに合わせて開通した。1970 年には世界万国博覧会が開催され，国内で初めて原子力が電気を供給した。経済成長は，電力や道路，鉄道，港湾，空港，上下水道などの社会基盤整備によって支えられてきたといえる。

　日本では，1990 年代初めにバブル経済が崩壊し，その後，デフレーションにより経済成長が鈍化した。海外でも 1997 年の**アジア経済危機**やアメリカでの 2001 年の**同時多発テロ事件**，2006 年の**リーマンショック**など社会経済に悪影響を及ぼす出来事が発生した。そのため，日本の不景気は長期化し，公共事業予算は年々削減された。従来のように，公共事業が経済成長を支える社会環境ではなくなった。近年は，金融緩和により，若干経済成長も回復基調ではあるが，デフレから完全に脱却したとはいえない状況である。

　一方で，国内外で大規模な地震や火山，洪水による自然災害が起こっている。これらは，国内外の社会経済や国民生活に影を落としている。政府は，防災のための社会基盤整備も進めてきた。今後日本は，厳しい財政の範囲内で，防災や減災のために，ハードとソフト両面で効果的・効率的に対策を実行しなければならない。

　地球温暖化対策など国際的な環境問題の解決にも日本は積極的に貢献しなければならない。経済大国で，環境技術にも優れた日本は，国際社会で活動が期待されている。国内では，原子力発電の再稼働が困難な状況下で，再生可能エネルギーによる電源開発を推進しなければならない。国際貢献は，軍隊を持たない日本にとって最も重要な外交手段であり，そのために戦後から途上国の国民生活や経済支援のために数多くのプロジェクトを実施してきた。そのプロジェクトは，社会基盤整備や保健医療，教育，農業・工業の技術移転，文化財保護などさまざまである。

　財政が厳しく，国内市場が拡大しにくい状況下で，日本の民間企業は，海外に市場を広げていかなければならない。多くの建設関連企業は，海外で社会基盤プロジェクトを受注していく戦略を有している。本章では，これまでの建設会社の海外での受注や活動を振り返り，マネジメントの視点から，国際的な社会基盤整備は今後どのように実行していけばよいのであろうか，ということを考えていきたい。まず，日本の建設業の海外活動状況を振り返る。

4.1.2　海外での受注

　建設業は，**図 4.1** に示すように，国内では，戦後から 1990 年代初頭までは，順調に毎年の売上額（完成工事高）を伸ばし，売上額は 140 兆円以上に達した。バブル経済が崩壊し，公共事業予算が減ったのに伴い，売上額も 2010 年まで減少した。その後，予算が増えたため，売上額もやや増加傾向にある。海外では，**図 4.2** に示すように，大手建設会社 50 社を対象にした毎年の受注高は，戦後から 1980 年代半ばまで順調に増加し，1983 年には 1 兆円を超えた。

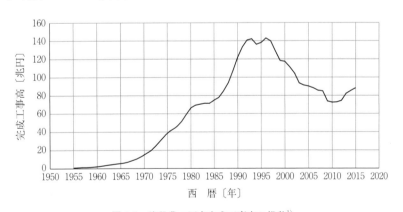

図 4.1　建設業の国内完成工事高の推移[1]

　海外では，バブル経済崩壊後，1995（平成 7）年に戦後最高の受注額となったが，毎年の変動は大きい。2014（平成 26）年の海外受注は，過去最大であったが，2014 年の国内完工売上高 85 兆 4 266 億円に対する海外受注高 1 兆 8 153

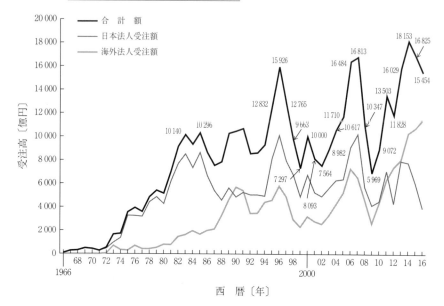

図 4.2 海外建設受注高の推移（1965 ～ 2016 年度）[2]

億円の比率は，2.1 ％でしかない[†]。受注や売上で比較すると，国内に対して，海外での活動は 2 ％程度に過ぎない。すなわち，多くの建設会社にとって，国内市場で経営が成立していることになる。

　海外での建設受注高の地域別推移（1984 ～ 2016 年度）を**図 4.3** に示す[2]。海外建設受注は，1990 年代にはアジアの好景気により増加した。しかし，1997 年には景気が後退し，アジア経済危機が起こった。その後，受注額は，2000 年代半ばに中東地域で大幅に増加したが，世界的景気後退により再び急減した。2010 年度以降は，アジアを中心に再び増加に転じ，2014 年度は過去最高の 1.8 兆円台に達した。この受注には，公共工事だけでなく，建築の民間工事も含んでおり，世界の景気動向を受けて，受注額は変動していることがわかる。

[†]　海外での毎年の完工売上高のデータがないため，受注高で比較した。

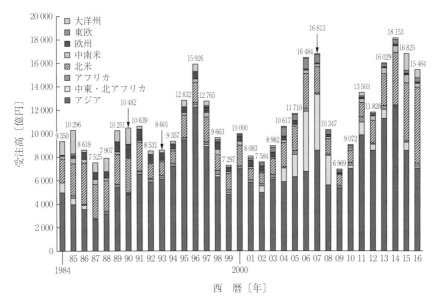

図 4.3　海外建設受注高の地域別推移（1984 ～ 2016 年度）[2]

4.1.3　海外活動の課題

建設業の海外活動は，国内に比べてわずかであるが，大手建設会社は，海外市場での受注増を検討している。2017 年の調査による，受注高の多い国と地域，これから伸ばしたい国と地域を**表 4.1** と**表 4.2** に示す。いずれも，上位に来る国はアジアにある。また，ミャンマーは政権が代わり，外国からの投資が増え，経済発展が進んでいる。現在，受注高はそれほど多くないが，将来の市場として期待していることがわかる。

建設会社における海外活動の課題について，国土交通省が調査した 2008 年と 2017 年の結果をそれぞれ**表 4.3** と**表 4.4**，および**表 4.5** と**表 4.6** に示す。大手建設会社へのアンケート調査結果であり，その時点の課題と今後の課題とに分けて，詳細な項目別に聞いている。

表 4.1 建設受注高の多い国と地域 (2017 年)[3]
(単位：社)

	受注高の多い国と地域	おもな原発注者			
		日系企業	その他の民間企業	公的機関	合計
1	タイ王国	17	6	0	23
2	ベトナム社会主義共和国	15	2	4	21
3	シンガポール共和国	2	12	2	16
4	中華人民共和国（香港含）	7	3	2	12
5	台湾	4	6	1	11
5	インドネシア共和国	8	2	1	11
	その他	38	16	31	85
	合　計	91	47	41	179

表 4.2 将来受注高を伸ばしたい国と地域
(2017 年)[3]
(単位：社)

	受注高を伸ばしたい国と地域	おもな原発注者			
		日系企業	その他の民間企業	公的機関	合計
1	ベトナム社会主義共和国	14	4	8	26
2	ミャンマー連邦共和国	12	4	9	25
3	タイ王国	13	4	0	17
3	インドネシア共和国	7	4	6	17
5	シンガポール共和国	4	4	5	13
6	中華人民共和国（香港含）	5	3	2	10
	その他	27	15	31	73
	合　計	82	38	61	181

表 4.3 海外建設事業で解決すべき事項
(2008 年)[4]

内　容	企業数
1. 情報収集・調査・コミュニケーション能力	29
2. 現地での労務管理・教育	27
3. 為替リスク対策	23
4. 紛争予防・クレーム処理	21
5. 企画・マネジメント能力	19
6. カントリーリスク対策	19
7. 進出国のニーズに合った技術	14
8. 資金調達（ファイナンス）	10
9. 政府の支援体制	1
10. その他	8

表 4.4 海外建設事業展開での重点事項
(2008 年)[4]

内　容	企業数
1. 情報収集・調査・コミュニケーション能力	26
2. カントリーリスク対策	18
3. 企画・マネジメント能力	15
4. 進出国のニーズに合った技術	14
5. 現地での労務管理・教育	13
6. 為替リスク対策	13
7. 紛争予防・クレーム処理	12
8. 資金調達（ファイナンス）	7
9. 政府の支援体制	1
10. その他	5

表 4.5 海外建設事業で解決すべき事項 (2017 年)[3]

内　容	企業数
1　情報収集・調査・コミュニケーション能力	32
1　カントリーリスク対策	32
3　資金調達（ファイナンス）	27
4　紛争予防・クレーム処理	26
5　進出国のニーズに合った技術	25
6　現地での労務管理・教育	21
7　政府の支援体制	11
8　企画・マネジメント能力	10
9　為替リスク対策	9
10　その他	3

表 4.6 海外建設事業展開での重点事項 (2017 年)[3]

内　容	企業数
1　情報収集・調査・コミュニケーション能力	37
2　紛争予防・クレーム処理	32
3　政府の支援体制	29
4　現地での労務管理・教育	24
5　企画・マネジメント能力	17
6　カントリーリスク対策	15
7　為替リスク対策	14
8　資金調達（ファイナンス）	11
9　進出国のニーズに合った技術	9
10　その他	1

「情報収集・調査・コミュニケーション能力」と「カントリーリスク対策」などが，課題の上位を占めており，これは以前から変わらない。ただし，「カントリーリスク」は，紛争や現地での労務，為替なども含むとすると，より大きなリスクと考えられる。大手建設会社は，コミュニケーションとリスクのマネジメントを大きな課題として認識している。

4.1.4　中小企業の課題

建設業で海外活動の主体は，準大手以上の規模の会社となるため，課題調査もそれらの企業が対象となるが，海外で請け負った経験のある資本金 5 億円以下の中小企業を対象に，国土交通省は 2010 年に調査を行っている[5]。

その調査結果では，地方・中小建設会社の海外実績は少なく，海外で請け負った工事は，電気・給排水・空調工事（5 社），地盤・土木工事（5 社），仕上げ工事（3 社），特殊設備工事（3 社）などである。日本の建設会社の下請として，海外での建設プロジェクトを請け負った企業数が最も多い。しかしながら，地方・中小建設会社の 7 割以上が海外進出を希望している。海外進出希望先は東アジアや東南アジア，一時期建設が急増した中東地域である。

その課題は，**図 4.4**に示すとおりであり，大手建設会社とほぼ同様な課題を認識している。最も多くの企業が認めた「言語の問題」は大手の「情報収集・調査・コミュニケーション能力」に，「現地従業員の雇用など現地就労システムへの適応」や「現地特有の法制度への適応」は大手の「現地での労務管理・教育」や「カントリーリスク対策」，「紛争予防・クレーム処理」に相当している。

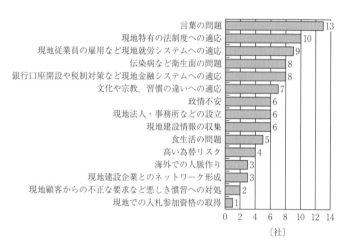

図 4.4　中小企業の海外活動での課題[5]

4.1.5　海外進出のリスクと対策

コミュニケーションやそのマネジメントが海外活動での大きな課題となっている。受注や受注後のマネジメントには，総合的なコミュニケーション力が必要となる。また，**政府開発援助（Official Development Assistance，ODA）**による社会基盤プロジェクトでは，契約書や管理文書，日常の会議は一般に英語が使用される[†]。英語の通訳や翻訳を外部の専門家に委託することは可能であるが，作業効率を考えると，チーム要員は英語ができることが望ましい。中

[†]　当該国の母国語が英語でなく，スペイン語やポルトガル語などの場合には，その言語でのコミュニケーションが要求されることもある，その場合には，通常，チーム要員に通訳が必要になる。

国が実施する海外プロジェクトの請負会社は通訳を連れてくることが多い。また，業務では英語だけでなく，現地語が必要になることもある。アジア諸国には現地人通訳（日-現地語）がいることが多いので，必要に応じて活用すべきである。

2.3.1項に述べたように，建設プロジェクトの活動に限らず，ビジネス一般でも外国人から，「日本の組織や会社は意思決定までに時間がかかる」とよくいわれる。社長や経営陣の方針は会社間で異なるが，海外志向の強いオーナー社長と雇われ社長では，意思決定の早さは異なるだろう。一般的には，国内の企業は，海外案件の取組み方針決定に時間をかけることが多い。良い提案も時間をかければ慎重論が強くなるので，海外への挑戦は見送ることになりかねない。むしろ，中小企業では社長のトップダウンですばやい決断ができるので，専門性の高い技術力があれば，大企業よりも有利に交渉できる可能性がある。

国内のビジネスでは，その場での決断よりも長年の信頼関係を優先する傾向がある。個人の意思決定よりも，組織の合意を尊重する。したがって，ビジネスでの協議や交渉で，日本人とは異なる考え方や行動をする外国人に文書や会話で意思を明確に伝えたり，自ら判断したりすることに，十分対応できないことが多い。これらは，事前に担当者の責任と権限を明確にすることで改善される。また，教育や訓練によって，担当者が学習する必要もある。また，相手を信用できると勘違いして，問題が発生した事例も少なくない。すなわち，取引先の話を簡単に信用してはならないし，リスク分析やリスク回避を軽視してはならない。

3.6.1項「リスクマネジメントの基本と計画」の表3.4に国内外の建設プロジェクトのリスク区分を示した。日本企業が海外の建設プロジェクトで経験したおもなリスクとそれに対する日本人がすべき認識や対策を**表4.7**に示す。

日本の建設会社が海外工事プロジェクトでリスクが顕在化し，工期遅延や費用増加，支払い遅延や未払いの損失を受けた事例を**表4.8～表4.10**に示す[6]。これらの表には，同じプロジェクトで，複数の損失が発生している事例も含まれる。対策は教訓から分析した結果であり，実際には適用していないものが多

表4.7 海外の建設プロジェクト特有のリスクと認識, 対策

リスク区分 / 要素	日本人がすべき認識	対策
契約 (方式)	① 海外では会社間の信頼関係よりもそのプロジェクトの契約が優先 ② 国内と異なる契約方式 ・FIDIC約款が海外工事で広く使用 ・日系企業以外が関わる契約書は英語で記載 ・さまざまな契約形態：固定額, 数量精算, コストプラスフィーなど	① 契約書に従い, 協議や交渉によって, 問題を解決。 ② 英文契約書の理解とマネジメント ・契約書の順守 ・契約に関するリスクマネジメント
契約 (取引)	① 取引相手の信用度 ② 決済条件：支払い回数, 決済手段(預金, 小切手, 手形など) ③ 外貨は為替リスク発生	① 信用度の判断：企業信用調査資料, 業界情報など ② 取引条件や決済条件の確認や交渉 ③ 為替変動リスクを回避 ・円建てによる通貨取引条件の規定 ・先物為替予約, 通貨オプション, 通貨スワップなど
外部 (労務)	① パワーハラスメントやセクシャルハラスメントの回避 ② 良好な労務関係の維持	① 倫理や労務に関する法令の順守 ② 宗教や文化, 慣習に対する理解
外部 (法令)	① 日本人の就労ビザの取得・更新 ② 法人税や個人所得税の支払い	① 外国人就労などの法令に関する情報の入手と順守 ② 税金に関する法令の理解と専門家への相談

い。これらの事例は, 単独ではなく, 複数のリスク要素に関連している。しかしながら, 契約に関するリスクが圧倒的に多い。また, 多くのリスクは, 建設が実施される当該国の政治や社会, 経済, 文化, 慣習, 法令などに起因している。これらを総称して, カントリーリスクと呼ぶこともある。カントリーリスクは, 先進国に比べて途上国のほうが一般に大きく, 日本では発生しない契約リスクの要因にもなる。これらのリスクに対して予備工期や予備費を設定したり, 表中の対策を講じなければならない。

表 4.8 工期遅延のリスク分析

リスク区分	リスク要素	詳　細	対　策
契約*	**着工命令の遅れと設計変更**	**発注者の土地収用の遅れとそれに伴う設計変更。**	**発注者の予備費設定の確認。契約における補償条項の設定とクレーム，交渉。**
契約	着工命令の遅れ	BOT/EPC 契約で契約から着工命令まで大幅な遅れ。	FIDIC では，受諾書から 28 日以内に着工命令。
契約	入札から発注・契約までの期間延長	発注者による入札有効期限の延長の繰り返し。	入札者（請負者）は，延長を拒否できる。
契約	発注者からの工事用地の引渡しの遅れ	着工命令後の土地収用や補償の遅れ。	受諾書受領後，工事開始前に状況を確認し，サイトの占有とアクセスに関わる工期延長と追加費用の請求権を確認。
契約／資金	発注者の資金不足	円借款事業で発注者の自己資金（現地政府負担分）の準備の遅れ。	契約前交渉で自己資金調達期限の確認と罰則規定を契約条件に反映。
契約／技術	技術仕様の解釈	エンジニアが技術仕様に合う材料を認めず。	入札前に施工計画書に代替案を記載。
自然	雨季の工事	本来，乾季に終わる予定の工事が数量の増加により雨季に入る。	請負者と発注者の不可抗力に対する責任を契約に明記（FIDIC）。

　これらの結果から，日本企業については，技術力は高いので，成果物の品質や工事遂行に関する技術リスクは少ないが，契約（調達）に関するリスクが大きいといえる。発注者や下請，エンジニアの外部リスクもあるが，請負者組織の内部リスクは明確ではない。組織リスクとして，企業内に契約やリスクに関するマネジメントの専門家が不足していることや，彼らの活動計画が明確でないことが予想されるが，関連情報は少ない。企業にとって組織リスクやその教訓は文書で公開しにくい性質を有する。

表4.9 費用増加のリスク分析

リスク区分	リスク要素	詳　細	対　策
契約*	**着工命令の遅れ**	**待機中の大幅な物価上昇で資機材費高騰。**	**発注者の予備費設定の確認。契約における補償条項の設定とクレーム，交渉。**
契約	着工命令の遅れ	着工命令後の土地収用や補償の遅れによる請負会社の待機費用（社員の現地駐在など）の発生。	受諾書受領後，工事開始前に状況を確認し，サイトの占有とアクセスに関わる工期延長と追加費用の請求権を確認。
契約	入札から発注・契約までの期間延長	入札の有効期限の延長に伴う物価上昇。	価格を再設定して，再度契約し直すことを提案する。
契約	下請の能力不足	元請会社が下請会社の失敗を処理。	元請契約の義務を満足する下請会社を選定し，契約。下請のトラブルの責任は，下請が負う下請契約を結ぶ。
契約	保険	請負会社の過失が発注者の保険で認められず。	発注者の免責条項や付保義務，請負者の付保義務の確認。
契約／外部	地元企業とのJV契約による請負会社の責任増大	契約よりもローカルルールが優先され，発注者と地元企業が有利な条件で支払いを受け，日系企業のみが工期遅延の損害賠償金を課せられた。	特別条件書で連帯責任を明記する（FIDIC）。JV協定書を締結し，発注者の同意を得る。
契約／組織／外部	法令の変更	労働時間短縮の法律施行により賃金上昇。	法変更に対する救済を確保するための契約と交渉。
		所得税法改正に伴う請負金の源泉徴収率の増加。	法変更に対する救済を確保するための契約と交渉。
契約／技術	技術仕様の解釈	エンジニアが技術仕様に合う材料を認めず。	入札前に施工計画書に代替案を記載。
契約／技術	設計変更	設計変更により，数量精算契約に従い，直接工事費はBQ単価で精算したが，間接工事費は一式精算だったため，発注者に十分認められず。	一式精算項目でも，契約交渉時または工事初期段階において内訳を示す（FIDICレッドブック99　14.1条「契約価格」）。
自然	雨季の工事	乾季に比べて工事費が増大。または洪水への対策発生。	請負者と発注者の不可抗力に対する責任を契約に明記（FIDIC）。

表 4.10 支払い遅延・未払いのリスク分析

リスク区分	リスク要素	詳 細	対 策
契約	出来高・追加工事の支払い拒否	発注者が数量精算契約のBQ数量を超える出来高を承認せず。	契約書の記載確認と発注者との交渉。
契約	発注者からの材料支給	発注者が輸入材を減免によって無償支給し、売上高に含めて保留金を算定した。その結果、売上比例の保留金の総額が増え、資金繰りが苦しくなった。	FIDICレッドブック87の51.1条「変更」の禁止条項の可能性がある。また、調達が契約スコープから削除されたならば、契約金および保留金は減額となる。
契約	金利負担	竣工時全額払いの延払い条件での契約のため、竣工証明の遅れで金利負担発生。	竣工の定義を契約で明確にする。
契約	保留金の未払い	発注者が保留金解除条件を守らず、支払い遅延。利息分の損失。	損害賠償請求の訴訟。
		工事が途中で中止し、保留金が未払い。	契約解除条項の規定と確認。
契約	ボンド(on-demand、要求有り次第)	下請会社が清算したが、下請の完成保証ボンドが認められず。	ボンドの文面の理解。
契約/技術	出来高の請求拒否	エンジニアが数量精算契約BQ数量を超える出来高を拒否。	契約書の記載確認と発注者との交渉。
契約/技術	設計変更の発生と支払い遅延	発注者が支払い遅延。	クレームによる仲裁。発注者の事務処理支援。
契約/市場	現地通貨下落	アジア通貨危機で現地通貨急落。	外貨建て契約および補填条項の付加契約の交渉。

注:すべての事例に資金リスクが含まれるが、共通しているため、記載していない。

　ベトナム国のダム工事プロジェクト（表4.8と表4.9の**契約***）は、工事着工の遅延とその遅延期間中の大幅な物価上昇、予備費不足などの複合したリスクが発生したが、最終的に円貨分の予備費を使用できた事例である。この工事では、発注者による土地収用が遅れ、その結果、設計変更が生じ、土工事着工が1年5か月遅れた。予備費には**物価スライド**（**price adjustment**）以外に常用工事や設計変更、クレームに対する追加予算が計上されていた。予備費

は，円貨と現地貨で構成される。しかし，当時は鋼材など建設資材が高騰しており，それだけで予備費が消化される可能性があった。

　一方この工事では，物価変動については変動額の計算式が定められており，入札した工事費明細により各計算要素の比率を定めていた。このような計算式は一般的な物価変動に対しては有効であるが，特定材料の異常な高騰には単品の価格変動条項がないと対応が難しい。

　価格高騰や資機材，労務の調達不能は，工事対象国の調達資源の市場規模が小さい場合，または，大規模工事による需要増大に市場が対応できない場合などによく発生するリスクである。このような特定資源の異常な高騰の背景には市場の規制管理貿易の規則変更など法令変更が絡むことがある。この場合には，契約に法令変更に関する補償条項があれば，クレームできる。

　また，鉄鋼製品などの特定資材の価格高騰に対しては，工事対象国政府などが国内産業の救済措置を取ることがある。一方で，外国請負業者であることを理由に保護の対象から外された場合には，国内業者との差別は二国間投資協定で禁止されている可能性があるので，協定を基に発注者と交渉する方法がある。本件では，最終的に，国際協力銀行によるベトナム発注者への要請や交渉によって，予備費の円貨部分の活用が可能になった。

　表にはないが，建設コンサルタントの立場で関わった工事契約リスクの事例を挙げる。2006 年以降，中国はミャンマーの社会基盤プロジェクトに積極的に参入するようになった。水力発電所の水路トンネル工事は，発注者のミャンマー行政機関がセメントや吹付機械など資機材を提供し，中国企業が施工するという契約で実施されていた。地質は砂岩や泥岩主体の軟岩であり，従来の工法，すなわち，掘削，モルタル吹付，矢板や H 鋼による支保工，ロックボルトの手順での施工であった。しかし，掘削後の断面が安定しないため，まったく工事は進まない。私はコンサルタントの立場でミャンマー行政機関からアドバイスを求められた。現場調査を行い，両者から聞き取りもした。大きな問題として，吹付材料が不十分で吹付技術が未熟なため，掘削後の断面が安定しないことや地質状況に応じた支保工やロックボルトが設計図どおりに現場で施工

されていないことが挙げられた。すなわち，両者に問題があったが，両者とも問題は相手側にあるといって譲らない。両者の契約範囲も不明瞭であった。第三者の立場で，改善提案をしたが，ミャンマー側は了解したものの，中国側は納得しない。日本であれば，発注者自身が施工しなくなっており，このような不明瞭な契約は発生しない。また，発注者と受注者の信頼関係から，発注者の要求や意見に対して，受注者が真っ向から反論することはきわめて少ない。しかし，中国は，発注者と対等の立場に立ち，自らが不利にならないように主張した。

以上のように建設工事プロジェクトでは潜在リスクが顕在化し，問題を生じる。発生したリスクは問題として扱われ，その要因分析結果に基づいて，発注者と受注者の間で，調整や交渉が行われる。解決には，工事関係者の力量（マネジメント能力）が問われる。

他方で海外経験のない中小企業は，事前に情報を収集し，リスク分析などを行った上で，海外プロジェクトを受注しなければならない。国内と違って海外での受注活動前に以下が必要となる。

① 海外プロジェクトの受注や実施に必要な情報を収集し，現地調査を行った上でリスクや事業可能性を分析する。

② 進出候補先の国や地域について，建設分野だけでなく，歴史や文化，宗教なども理解する。

③ 海外進出に対する経営方針や戦略を立案する。

海外でコミュニケーションし，情報収集するには，担当者やチームは，英語や現地語の習得に努めるほかに，進出している日系民間企業と接触し，友好な関係構築に努め，さらに日系団体への参加や関係者との交流により，人的ネットワークの拡大を図る必要がある。また，リスク回避のために，現地事情に詳しいJETRO（日本貿易振興機構）やコンサルタント，法律・会計事務所に相談することも有効である。

海外進出は総合力を持つ大手建設会社と独自の専門技術を持つ（中小）企業に優位性があると考えられる。国家戦略として官民連携で受注を図っており，

大手建設会社は，投資を含めた海外事業展開が期待される。大手だけでなく，専門および中小建設会社は，海外の公的機関や民間に独自の技術力を宣伝することにより，直接受注できるチャンスがある。まずは，リスクが小さいプロジェクトを海外で請負うことが望まれる。次に，リスクは大きくなるが，現地法人や支店を設立して事業展開することが考えられる。その設立には，時間や労力，費用がかかり，対象国や市場の事前調査もしなければならない。受注段階からプロジェクト完了まで，コミュニケーションとリスクマネジメントが日本人にとって重要になる。

【問題4.1】中堅の建設会社の社長は，国内の売上が伸びないので，海外で受注しようと計画している。あなたは，どのようなアドバイスをするか？

【問題4.2】海外で仕事をするためのコミュニケーションリスクとはなにか？

【問題4.3】国内で外国人と仕事をする際のコミュニケーション（マネジメント）で重要なことはなにか？

【問題4.4】社会基盤（あるいは大規模な製造）プロジェクトを開発途上国で実施する場合のカントリーリスクを説明しなさい。カントリーリスクはどのようにリスク分解できるか？

【問題4.5】社会基盤建設（あるいは大規模な製造）プロジェクトを開発途上国で実施している。発注者が契約にない追加事項を無料で実施するように要求してきた。プロジェクト・マネジャーのあなたはどのように対応するか？

【問題4.6】あなたは，建設に反対者も多い道路建設のプロジェクト・マネジャーである。多くの直接・間接の利害関係者がいる。彼らに情報を伝えたり，情報を管理するために，どのようなプロセスや手法を用いるか？

【問題4.7】あなたの居住地域に産業廃棄物処理場の建設計画がある。安全性や環境配慮設計は自治体によって承認されている。しかし，処理中に人体への有害物質が大気に放出されるといううわさがある。あなたは，対立を避けるためにどのような行動を提案するか？

4.2 海外の社会基盤整備の変化

4.2.1 官から民へ

　海外の社会基盤整備に，日本企業はおもに政府開発援助プロジェクトとして取り組んできたが，従来とは異なる市場環境の変化に直面している。日本企業は，建設会社やコンサルタントだけでなく，商社や電力会社，不動産開発会社なども含む。日本政府による開発援助プロジェクトは，日本政府が融資し，おもに**国際協力機構（JICA）**が実施機関として実行してきた。受注した民間企業にとって，支払いは確実で，発注者としての政府やJICAは，日本人スタッフが多く，日本語でコミュニケーションを取ることができる。したがって，民間企業にとって，海外の発注者から直接受注するプロジェクトに比べてリスクは少ない。しかしながら，日本政府は財政が厳しくなっており，国際的に社会基盤プロジェクトの受注競争が進んでいる中で，政府開発援助だけに頼れる状況ではなくなってきている。

　海外の社会基盤プロジェクトやその関連事業では，利益が上げやすい電力や資源開発（エネルギー）で民間投資が進んできた。投資事業として，費用に対する便益が十分予測できるためである。電力プロジェクトの中では，水力は火力に比べて建設着工や発電所完成に至るまでの開発期間は長いが，海外では小水力から大水力まで**IPP（Independent Power Producer，独立系発電事業者）**による開発事例は少なくない。電源開発投資事業は，日本では，母体組織となる電力会社や商社，建設会社などが出資をし，特別目的会社を設立して，事業を実施してきた。建設完了後，商業運転に入り，発電した電気を当該国の電力会社や公社などの**引取り手（オフテイカー）**に販売する。すでに銀行からの借入金を返済し，成功を収めているプロジェクトもある。

　図4.5に示すように，社会基盤プロジェクトはすべてが投資対象になるとは考えにくい。高速道路や上水供給では，電力プロジェクトよりも採算を見込むのが一般に難しい。防災や環境保全に関するプロジェクトは，利益を生み出しにくいために，民間投資には不向きなので，今後も公的資金が必要になる。

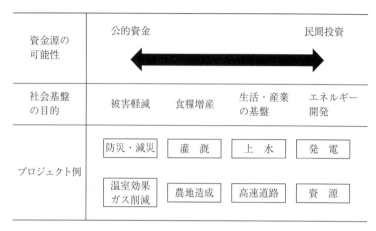

図4.5 社会基盤整備と資金源の関係

　海外での民間投資型の社会基盤として先行する電力プロジェクトでは，海外での事業実施の形態や方式に大きな変化が生じており，従来踏襲してきた取組み方法では対応しきれない状況にある。海外のダム・水力開発プロジェクトでは，国内のコンサルタントや建設会社が，近年対応すべき事項は次のようになっている。

・受注競争の激化（中国や新興国の企業の参入への対応）
・設計‐施工（Design Build, DB）一括発注方式の採用
　　（さらに機械電気部門も含んだ契約の一本化への対応）
・完成後の運営・維持管理業務の委託
　　（初期投資のための資金調達）
・事業実施方式における民間活力の導入
　　（利益が期待できる事業（道路，発電，上水等）の選定）
・環境問題への関心の高まり（移転や用地，自然への対応）

4.2.2 受注競争の激化

　以前，アジアでの社会基盤プロジェクトは，日本や欧米の企業やコンサルタントが中心に活動してきたが，近年，新興諸国が経済活動を活発化する中で，

社会基盤プロジェクトにも参加するようになってきた。特に今世紀に入ってからは，中国の参入が目立っている。アジアやアフリカでは中国企業が建設分野に積極的に参加し，社会基盤プロジェクトを実施している。また，社会基盤の建設だけでなく，コンサルタント分野にも中国企業の活動が目立ってきた。タイやベトナムの建設会社や開発コンサルタントも，自国以外の東南アジア諸国で仕事をするようになった。多くのインド人は，建設よりも法律や技術分野のコンサルタントとしてインド以外で活躍している。中国や新興諸国は日本や欧州の先進国に比べると，人件費が安いため，建設工事プロジェクトやコンサルタント業務の入札額も一般に低い。

　途上国の社会基盤整備は，海外から支援を受ける場合，当該国政府が外国政府や国際機関にその整備を要請することで，プロジェクト立上げの契機となる。支援を要請する途上国が，プロジェクトによっては膨大な書類を作成し，それを組織の下から上へ承認していく手法を日本や欧米の援助機関は採用している。承認後，社会基盤プロジェクトの必要性や妥当性を検証する調査が，援助機関やコンサルタントによって行われる。その後も，社会基盤プロジェクトには，計画，設計，施工の段階があり，設計の中にも予備，事業評価，詳細などの段階がある。環境影響評価も計画や設計の段階から実施される。各段階の調達で，契約書が作成され，入札が行われる。コンサルタントを雇う場合も多く，その選定にも契約書が作成され，競争入札が実施される。社会基盤の建設開始に至るまでのプロセスは，このように何段階にもわたり，社会基盤の種類や規模によって異なるが，プロジェクトの形成から建設開始まで数年から数十年を要する。

　しかし，中国政府主導の社会基盤支援では，日本や国際機関が採用してきた手法とは異なるアプローチが見られる。中国の政治家や政府高官が途上国の政治家や政府高官と直接交渉して，支援要請側のニーズを聞き取り，そのニーズに答えるように提案する。提案内容が両者で合意されれば，その後，契約内容を詰めていくことになり，両政府間の随意契約になることもある。または，日本など他国からも提案書を出させ，提案を比較分析して，当該国政府が有利な

提案を採択することもある。

　この中国政府の契約手法は，日本や欧米の契約手法や手順と異なり，書類作成や承認手続きが簡略化されるので，着工までが早い。被支援国にとっても，これまでの国際機関からの支援に比べて，効率的に短期間にプロジェクトを整備できるので，受け入れやすい。アジア諸国の社会基盤整備に一定の成果を上げてきたといえる。しかし，設計や施工の段階で新たな問題も発生している。問題として，契約の解釈の違いや設計書の未開示，設計と施工の不一致，工期の遅延，低品質な成果物などが生じている。

　中国は，政府の影響を受けて企業が海外事業の受注に関わっていることが多い。受注対象プロジェクトの規模や難易度に応じて，建設会社の技術やマネジメントの能力を判断して，政府主導で企業選定していることもある。また，建設には技術者やプロジェクト・マネジャーのほかに作業員まで中国から連れてくることも多い。したがって，被支援国や現地が期待する社会環境上の利点，現地人の雇用や地域経済の活性化などが得られないという批判もある。「安かろう，悪かろう」ではないが，プロジェクトの調達では，契約額だけでなく，リスクに伴う発注後の費用増加を十分分析しておく必要がある。中国は低価格で落札に成功してきたが，近年，その入札額は上昇している。

　中国企業の国外での社会基盤整備は加速している。**アジアインフラ投資銀行**（**Asian Infrastructure Investment Bank，AIIB**）は 2013 年秋に中国が提唱し，その後設立された[7]。これまで，アジアでは，おもに日本の政府開発援助の関連機関や**アジア開発銀行（アジ銀）**，**世界銀行（世銀）**，西側諸国が融資をして，社会基盤整備を進めてきた。中国は，それらが担ってきた役割を AIIB で果たそうとしている。さらに，中国は，2014 年 11 月に，一帯一路経済構想を自国で開催されたアジア太平洋経済協力首脳会議で習近平国家主席が提唱した。中国から欧州に向けて，シルクロード経済ベルトを開発し，中国の影響力を高めていく政策でもある。中国は，東南アジアのほかに，中央・西アジア諸国の社会基盤整備にすでに着手している。これらは，中国らしい国際的な規模の構想や企画であり，今後どのように実現されていくかに世界が注目してい

る。日本は，このような状況下で，途上国の社会基盤整備には中国と協力しながら，個別の事業では日本の企業が受注できるように中国と競争していかなければならない。

　途上国の建設会社やコンサルタントの技術やマネジメントの水準も上がってきた。道路やフィルダム，水路，一般建築物などの設計・施工は，アジアの途上国であれば，現地企業が実施できる段階になっている。途上国政府の方針は，現地企業で可能な限り実施し，できない部分は外国企業に委託・発注することである。現地企業は学習しながら，できない部分を減らしていくことを目指している。一方で，途上国の社会基盤プロジェクトを担う行政機関は，政府開発援助などの融資に頼らずに，民間資金を活用し，資金調達を抑え，開発期間を短縮する事業調達契約に高い関心を示すようになっている。このような背景で，日本企業のコスト低減も含む海外受注戦略も変わってきた。

4.2.3　入 札 と 契 約

　日本が進めてきた海外の政府開発援助事業では，被支援国政府の**事業者**（**project proponent**）が起案し，日本政府が調査や計画，設計を支援し，建設のための入札図書を作成する[8]。事業者は，入札図書に基づいて，建設工事の競争入札を行い，請負会社を選定する。ダムを含む水力発電プロジェクトの場合は土木構造物や鉄鋼構造物（ゲート，バルブ，水圧鉄管等），水車・発電機，変電施設，送電線に対し，それぞれ個別に請負会社（建設会社または機電メーカー）が選定され，建設工事や製作・据付け工事が行われてきた。入札は所定のルールや手続きのもとで，応札者の条件が規定され，事前資格審査の後，本入札が行われる。

　民間事業の場合，調達に一定のルールはなく，その方式は事業者が選定することになる。一般に，**DB**（**design build**，**デザインビルド**）**方式**，または EPC 契約で行われることが多い。この場合，設計会社と建設会社，機電メーカーが一つの**コンソーシアム**または**共同企業体**を組成して対応する必要がある。また，建設工事部門と機電製作・据付け部門を別契約にすることもある。

DB方式またはEPC契約の入札では，見積作成のために土木構造物の設計が必要となる。特に大型工事の場合，この入札用設計には相応な時間と費用が必要になる。この入札用設計の責任と費用分担について，あらかじめコンソーシアム構成員の間で決定しておく。また，DB方式またはEPC契約による実施を統合してマネジメントするための組織と要員も決定しなければならない。コンソーシアム構成員間の利益とリスクの分担方法もあらかじめ定めておく。設計の瑕疵問題への対応と **PI（専門職賠償責任）** 保険付保への対応も求められる。

事業者が民間企業の場合，工事が事業者と信頼関係にある建設会社に限定して発注されることはあるが，その場合でも市場からみて妥当な受注額が求められる。競争入札になった場合，応札価格は市場競争を考慮する一方で，当該プロジェクトが電力売電事業として十分に成り立つような価格を提示することが条件となる。売電価格が売電量kWhに対して設定されている場合，発電原価はそれよりも低くなければその投資事業は成立しないことになる。

4.2.4　建設工事プロジェクトの国際標準契約

建設工事プロジェクトの契約書類には設計図面や契約書，一般仕様書，特記仕様書，数量表が含まれる。土木工事や機器の製作・据付け工事の契約書には国際的な標準約款，例えば **FIDIC（国際コンサルティング・エンジニア連盟）** の定める約款が採用されることが多い。FIDIC約款を用いる場合，土木工事の数量精算契約に対しては**レッドブック**，また**イエローブック**は設計施工一括契約に，**シルバーブックはターンキー契約（turn-key contract）** に採用される。「レッドブック」方式では，発注者・エンジニア・請負者の三者体制で工事が執行されることを想定している。一方，機電分野は基本的に"設計－施工方式"で行われ，「イエローブック」または「シルバーブック」が適用される。なお，民間事業の場合，契約の中で発注者が特記条件を自由に追加することもあるので注意が必要である。

現在，世界中の建設・エンジニアリングのプロジェクトにおいて採用されている契約方式は，下記の数量精算契約あるいは定額契約に大きく分類できる。

① 実費償還に基づく**数量精算契約**（**re-measurement contract**）

② **定額契約**

建設に関する国際契約では，FIDIC 契約書が標準文書とされている。最新版の FIDIC では，以下の契約約款が策定されている。従来は，数量精算契約が用いられてきたが，近年，定額契約としてターンキー契約や**総価一括契約**（**lump sum contract**）が注目されている。

FIDIC 契約文書の詳細は以下のとおりである[9]。

〔1〕**数量精算契約**

数量精算契約の一般契約条件書として，以下が発行されている。

・「建設工事の契約条件書・国際開発金融機関版・発注者の設計による建築並びに建設工事」

　英語名：Conditions of Contract for Construction Multilateral Development Bank（MDB）Harmonised Edition for Building and Engineering Works Designed by the Employer, Red Book MDB 2005-2010

この最新の契約条件書は，「建設工事の契約条件書，発注者の設計による建築並びに建設工事，Conditions of Contract for Construction For Building and Engineering Works Designed by the Employer， 通称レッドブック 99（Red Book 1999）」を国際開発金融機関（MDB）用に変更したもので，条項構成はレッドブック 99 と同じである。発注者と請負者のより公平な権利・義務の分担や，入札費用と入札書類作成時間短縮，必要に応じた銀行の介入などを規定した。

まず，レッドブック 99 の主要な記載や定額契約と比較すべき点を以下に示す。

前提条件としての設計の扱い：

　設計主体は，発注者であり，発注者がほとんど全ての設計をする。

第3条　エンジニア（第三者技術者）

エンジニアは契約を管理し，工事を監督し，支払いを証明する。

第5条　指定下請者

指定下請者の条項はレッドブックのみ。イエローブック，シルバーブックにはない。下請工事用契約約款（Subcontract 2011 工事下請契約条件書）が発行されている。

第12条　完成試験

記載なし。

第14条　契約価格と支払い

工事の数量明細書に基づく。契約価格は，品目ごとに数量を計測し単価をかけて算出する。追加工事が発生した場合，請負者が追加費用を受け取る権利を定めている。

第14条に関連して，以下が規定されている。

第4条12項　予見不可能な物理的条件

発注者負担。　予見不可能な物理的状況に遭遇した場合，請負者は遅延や追加費用の弁済を受ける権利を有する。

第17条　リスクと責任

リスクは当事者間で公正かつ平等に配分し，それぞれのリスクに伴う事態を緩和する。

第20条　クレーム

クレームはエンジニアに通知する。

第20条　紛争裁定委員会

常設。

〔2〕ターンキー契約

FIDIC の定額契約として，以下のターンキー契約書が発行されている。

「EPC／ターンキー工事の契約条件書，英語名：Conditions of Contract for EPC／Turnkey Projects，通称：Silver Book 1999」

シルバーブック 99（Silver Book 1999）の主要な記載やレッドブック 99 との相違点を以下に示す。

前提条件としての設計の扱い：

設計主体は，『請負者であり，請負者は設計と施工に関して全責任を負い，「ターンキー＝鍵を回す」だけで操業できる完全装備の状態で引き渡す。最終結果が指定した性能基準に合致する限り，発注者は日々の進捗に関与しない。』

第3条　エンジニア（第三者技術者）

エンジニアはなし。

・契約は発注者が管理する。

・「発注者の代理人」を指名する権利を規定しているが義務ではない。

第5条　設計

・設計者には基準の遵守や同意を取り付ける要求事項は定められていない。

・発注者は設計者の選択に関与しないし，設計について打ち合わせる必要はない，と想定されている。

第5条　指定下請者

記載なし。

第12条　完成試験

・工事の性能基準に合致するかを決定するため，引渡し後できるだけ早い時期に実施しなければならない。

第14条　契約価格と支払い

・総価一括払いで，契約金額の変動は限定的。

・請負者は合意した契約価格と工期の超過が生じないよう，高度な確実性が求められる。

・請負者が価格と工期に関わる高いリスクを負う一方，請負者がより多くの支払いを受けとる可能性をもつ。

第14条に関連して，第4条12項「予見不可能な物理的条件」では，

・リスクは請負者に帰属することを基本原則とする。

第17条　リスク

　請負者に高いリスク分担が求められる。

第20条　クレーム

　クレームは発注者に通知する。

第20条　紛争裁定委員会

　臨時（紛争が発生した場合に設置）。

〔3〕**総価一括契約**（lump sum contract）

FIDIC の定額契約として，以下の総価一括契約書が発行されている。

　「プラント及び設計施工の契約条件書，請負者の設計による機電プラント，建築ならびに建設工事，英語名：Conditions of Contract for Plant and Design Build For Electrical and Mechanical Plant, and For Building and Engineering Works, Designed by the Contractor，通称：**Yellow Book 1999**」

　本契約条件書，イエローブック99は，1999年にFIDICから発行された。その後，2008年に運営まで含めた設計・施工・運営一括発注（契約）方式の以下の契約条件書，ゴールドブック08が発行された。

　「設計・施工・運営一括発注（契約）方式の契約条件書，英語名：Conditions of Contract for Design, Build and Operate Projects，DBO，Gold Book 2008」

　イエローブック99の主要な記載やレッドブック99およびシルバーブック99との相違点を以下に示す。

　前提条件としての設計の扱い：

　　・請負者がほとんど全ての設計をし，施工する。

　　・工事は発注者が作成した概要または性能仕様書を満足する必要がある。

第3条　エンジニア（第三者技術者）

　エンジニアは契約を管理し工事を監督し支払いを証明する。

第5条　設計

・設計者に発注者の要求事項に定める基準を遵守することを義務付ける。

・設計者はエンジニアの同意が義務付けられ，エンジニアとの設計打合せの出席義務がある。

第5条　指定下請者

記載なし。

第12条　完成試験

・工事の性能基準に合致するかを決定するため，引渡し後できるだけ早い時期に実施しなければならない。

第14条　契約価格と支払い

・支払いは主要管理点（マイルストーン）を達成した時点で一括払い。

・追加が発生した場合，請負者が追加費用を受け取る権利を定めている。

第4条12項　予見不可能な物理的条件

発注者負担。予見不可能な物理的状況に遭遇した場合，請負者は遅延や追加費用の弁済を受ける権利を有する。

第17条　リスク

リスクは当事者間で公正かつ平等に配分し，それぞれのリスクに伴う事態を緩和する。

第20条　クレーム

クレームはエンジニアに通知する。

第20条　紛争裁定委員会

臨時（紛争が発生した場合に設置）。

ゴールドブック08の「エンジニアは存在せず，請負者が設計，施工，運営までを実施する」という点は，シルバーブック99と同様であるが，ライセンス契約や独立した法令順守監査，資産代替基金，維持管理持続基金などの独自条項を規定している。

これら3種類の契約書では，レッドブック99とシルバーブック99の中間に

イエローブック 99 が位置付けられる。シルバーブック 99 では，請負者の業務
範囲が広くなり，責任も重くなっている分，請負者のリスクも大きくなってお
り，リスク分析結果を入札額に反映させることになる。レッドブック 99 では
エンジニアが発注者の代理人の権限を有し，設計や施工管理を実施する。イエ
ローブック 99 でも，エンジニアが設計分担や設計支援をし，レッドブック 99
同様に工事管理を主体的に行う。

　レッドブック 99 やイエローブック 99 では，発注者と請負者間の対等なリス
ク分担を原則としているが，シルバーブック 99 では請負者側に大幅なリスク
負担が求められ，発注者はこれに起因する契約金額の上昇は受容しない立場を
取っている。このため，FIDIC は以下の状況下ではシルバーブック 99 を適用
すべきではなく，イエローブック 99 の適用が望ましいとしている。

- ・入札者がリスク評価や見積実施をするだけの十分な時間や情報がない場
  合。
- ・大規模地下工事など予見不可能な状況に遭遇するリスクが非常に大きい
  場合。
- ・発注者が工事を厳格に監督または管理したい場合（シルバーブックの利
  点である請負者の自由度が縮小する）。
- ・中間支払いの金額を発注者または他の仲介者が決める場合（シルバーブッ
  クでは支払いは事前に決定され，支払い予定表に明記される）。

　すなわち，リスクマネジメントに従って，発注者と請負者間のリスク分担の
公平性とそれを前提とした支払い条件が設定されている。請負者のリスク分担
増大による総工事費増加を避ける意図が見られる。FIDIC 契約方式とリスクの
関係を**図 4.6** に示す。

　途上国の社会基盤プロジェクトは，今後，政府開発援助ではなく，民間資金
を用いて実施することが期待されている。その結果，請負者の責任が重くな
り，リスク分担も大きくなる。分担リスクに応じた積算を基準とした入札方式
が適用されることになる。発注者の積算額が低すぎると，応札額が予算を超過
し，入札が成立せず，発注できなくなる。リスクマネジメントを適切に行い，

契約方式		
レッドブック 99	イエローブック 99	シルバーブック 99 ゴールドブック 08
数量精算	一括総額 （分割払いも有）	一括総額 （分割払いも有）
エンジニア有	エンジニア有	エンジニア無

発注者　　◄──────────────────────►　　請負者
リスク大　　　　　　　　　　　　　　　　　　　　リスク大

図 4.6　FIDIC 契約方式とリスクの関係

リスクを見積に反映しないと，請負者にとっても受注後に問題を抱える。新入札方式に応じたマネジメントも併せて実施していかなければならない。

【問題 4.8】海外の建設プロジェクトで受注競争が激しくなってきた要因はなにか？

【問題 4.9】FIDIC の 3 種類の契約方式で，発注者と受注者（請負者）のリスクはどのように異なるかを説明しなさい。

【問題 4.10】FIDIC の 3 種類の契約方式におけるエンジニアの役割を説明しなさい。

【問題 4.11】FIDIC の 3 種類の契約方式におけるエンジニアのリスクはなにか？

【問題 4.12】「大規模地下工事など予見不可能な状況に遭遇するリスクが非常に大きい場合」にはなぜ，シルバーブックではなく，イエローブックの適用が望ましいのか？

4.3　開 発 と 環 境

4.3.1　社会基盤と環境

社会基盤の開発は，自然環境や社会環境に影響を与える。建設プロジェクトは自然環境へなんらかの悪影響を及ぼす一方で，その地方の労働市場や経済活動，生活環境を向上させる好影響ももたらす。社会基盤開発と環境をどのよう

に均衡させていくかは，長い人類の歴史の中で，地球上の至る所で悩んできた課題ともいえる。古代ローマ帝国時代には，ローマ人は，地中海沿岸に領土を拡大しながら，その地域に住む人々の生活を豊かにして統治するには，道路整備や上水の供給が重要であると考えた。世界遺産となったローマ街道や水道橋は，2000年を経た今も使われ，その土地の自然環境に溶け込んでいる。ダム建設は，河川の氾濫を抑え，河川水を人間が生活や社会経済活動に効率的に使うために，役立った。しかし，住民移転を強制し，河川の生態系に変化を与えた。開発と環境の望ましい関係は，人類にとってつねに課題であったし，永遠のテーマでもある。

　これまで，日本人は，自然環境の維持に配慮してきた。戦後，人口が都市に集まり，産業が発展したが，大気や水質の汚染による公害を引き起こした。しかし，日本は1967年に公害対策基本法を施行し，迅速に対策をした。その結果，大気も河川も元の良い状態に戻った。省エネにも積極的に取り組んできた。福島第一原子力発電所の事故後は，全国の原子力発電が停止したために，発電量が3割減ったが，省エネ対策を全国で実施し，停電を回避できた。

　日本に比べると，途上国の社会基盤整備は遅れている。今世紀に入り，これまで以上にインドネシアやミャンマーでは，道路や鉄道，港湾，空港などの運輸および電力の開発に注力している。社会基盤を整備しないと，経済が発展せず，国民生活が便利で豊かにならないと政府が考え，取り組んでいるためである。

　アジアの途上国では開発に伴い，都市部を中心に大気や河川の汚染は進行している。鉄道に比べて整備しやすい道路建設が進み，車が増えることで，排気ガスによる大気汚染が進んでいる。また，河川へは下水や固体・液体の廃棄物が直接流れ込み，汚染が止まらない。途上国政府も問題を認識しているが，日本のように効果的・効率的に対策を実行できていない。公害は，社会全体の問題で，国民の環境への意識向上や環境全体に関する法令施行，工場や自動車への環境規制，ごみ処理システム構築など解決すべき点は多く，総合的に取り組まないと解決できない。これらは社会基盤整備や経済成長と関係があるが，社会基盤整備が本来の原因ではない。整備後の環境対策は，政府が主体となって

真剣に取り組まなければならない問題である。

　国際河川に関係する社会基盤整備は，外交問題になる可能性がある。すなわち，上流域の国でダムが開発され，河川水利用や洪水調整が上流域だけの都合でなされると，下流域では従来の水利用や流量調整ができなくなり，洪水の危険性が増す。河口域では，流れてくる土砂が減り，従来の土砂流出と海岸浸食との均衡が維持できなくなり，デルタが後退する現象も発生する。人為的な操作が上流域だけの判断でなされると，下流域はきわめて不利な立場になる。東南アジアの大河川であるメコン川やサルウィン川では，中国のダム開発が先行したため，下流域の国々は，不利な状況下にある。この開発状況は，下流の利水や自然社会環境に大きな問題をもたらしている。

　途上国では，国民生活向上や経済成長のために今後も社会基盤整備は必要である。整備が環境に及ぼす影響を調査し，対策を立てなければならない。社会基盤整備には，多大な資金が使われるが，環境保全には資金だけでは解決できない要素がある。品質と費用は，トレードオフの関係で解決できる可能性があるが，開発と環境保全は，トレードオフできない可能性がある。開発側と環境保全側は，対立だけでなく，協力・協調しなければ望ましい開発は進まない。このような状況下で，環境社会配慮が求められている。

4.3.2　環境社会配慮

　途上国で新規に社会基盤を開発する場合には**戦略的環境評価（strategic environmental assessment，SEA）**や**環境影響評価（environmental impact assessment，EIA）**が実施される。SEA は個別プロジェクトの上位段階の計画や政策を立案するために実施される[†]。国際開発支援では，EIA は，三つの目的を有する。まず，プロジェクト実施に伴い将来発生する可能性のある環境

[†]　SEA は JICA や欧米諸国で採用されている。日本では，2011 年の環境影響評価法の改正法成立により初めて SEA が導入された。これは，個別事業の位置や規模などの初期検討段階での評価アセスメントを対象としており，事業者による実施が基本となっている。

問題を抽出し，有効な対策を提案することによって，持続可能な社会環境を構築するためである。次に，当該国において，ダムや発電所などの建設や運転および，土地収用や補償，生活再建のプログラムに対して政府の許認可を得るためである。最後に，援助機関や銀行に投融資を申請するための資料作成のためである。

　EIA は，**事業可能性調査**（**feasibility study**，以下 **FS**）の初期段階での計画や設計を基に，適用対象となる基準や標準に従って，具体的に実施される。EIA の実施は，プロジェクトの規模や難易度に応じて，数か月から 1 年以上に及ぶ。社会基盤整備でも，小規模な再生可能エネルギーの開発やリハビリプロジェクトを除けば，通常「重大で望ましくない影響が予想される」ため，EIA でその影響が評価されなければならない。当該国では，プロジェクトを進める上で必要な行政手続きとして法令が定められているため，まず EIA は当該国の関連法に従わなければならない。

　環境影響評価では，負の影響を回避するための調査や評価分析がなされる。水力開発では，社会環境と自然環境それぞれで負の影響は，なんらかの事象や規模で発生する。社会環境については，利害関係者に情報を公開し，土地収用や補償，生活再建について彼らの合意が得られることが事業化の条件となる。自然環境は，生態系への負の影響が持続可能な社会にとって許容できるかが条件となる。これらは，費用とのトレードオフで解決できない可能性がある。EIA 実施の手順を**図 4.7** に示す。

　JICA の支援による EIA ではプロジェクトは**スクリーニング**によって，カテゴリー分類される[10]。詳細は後述するが，ダム式水力開発は，「重大で望ましくない影響が予想される」ために，最も厳しいカテゴリー A となる。次に 30 項目に及ぶ影響項目に対して**スコーピング**をする。スコーピングで絞り込んだ影響項目についてその調査方法と内容を検討し，EIA の**実施条件書**（**terms of reference**）を作成する。EIA の初期段階から，利害関係者を選定し，公開説明・協議を行う。電源開発などの社会基盤プロジェクトでは，ゼロオプション（実施しない案）も含めて代替案も検討する。

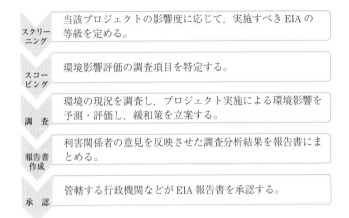

図 4.7 EIA 実施の手順

　EIA は，プロジェクトの計画・設計段階から実施されるようになってきたため，そのうちの一つの作業と捉えることはできるが，ダムや水力など大規模開発プロジェクトでは，EIA とその監視や管理はそれら自体がプロジェクトと考えられる。EIA の実施責任者は開発事業者であり，事業者のプロジェクト・マネジャーが EIA に関わる。事業者が EIA を含むサブプロジェクトを外部に委託する場合には，プロジェクト・マネジャーは，サブプロジェクトの発注責任者となる。社会基盤プロジェクトでは，さまざまな利害関係者が存在し，推進側だけではないことも多い。また，会議やコミュニケーションは現地語になりやすい。ダムでの**非自発的住民移転**およびその移転に伴う用地取得や補償，新たな仕事の提供などを伴う生活再建は，きわめて難易度が高いプロジェクトとなる。

4.3.3　国際的な環境社会配慮の方針

〔1〕世界銀行（世銀）

　援助機関にとっても借入国にとっても社会基盤を整備する以上，環境社会配慮は必要となる。援助機関や借入国も環境社会配慮の方針や指針は通常示しており，それらの考え方や方針は共通している。

　世銀は情報を隠しているという非難を過去に受けたため，20年かけて制度を改正し，情報公開を進めた。世銀は環境社会配慮についても国際的に強いリーダーシップを取り，基本方針を定めており，JICA などの援助機関は参考にしている。世銀は，共同体の国際金融機関であり，環境社会配慮方針も徹底的に議論を重ねた上で，180か国以上が出席する理事会で承認された。すなわち，借入国にも承認された方針であり，従わない国には融資しないという意志も示している[11]。

　世銀は，**表4.11**に示すように，環境社会配慮上の論点を意思決定プロセスに組み込むための仕組みとして EIA を含む10項目の**セーフガード**を設定した[12]。EIA とは，「情報公開と地域住民や環境 NGO も参加する利害関係者協議に基づいて，提案プロジェクトの必要性，正当性，妥当性について計画の初期段階から議論を行い，代替案を見出す。その後，これら一連の協議を経て合意形成が得られた優先プロジェクトに対して環境社会配慮上のスコーピングや緩和策，モニタリングなどに関して，的確な対応を図るための仕組みとなる。」と考えられる。

　セーフガードのツールとして，EIA では，社会経済の視点から評価の詳細を戦略的かつセクター別に作成している。非自発的住民移転も細心の配慮が必要となる重要な問題であるため，EIA とは別に住民移転計画を作成する。どの国でも発電所や道路，ダム建設に伴う住民移転や土地収用，私有地の公有地化の問題を抱える。住民移転計画書は，これらの潜在的な負の影響や享受できる成果を住民が正しく理解することにつながり，移転住民の生計回復にも貢献する。また，世銀は，補償と生活再建対策を含む住民移転を一つの開発プロジェクトと捉えている。

　世銀が関わったインドネシアでの水力開発の EIA パッケージ承認までの作業手順を**図4.8**に示す[13]。インドネシアのダム開発では一旦 EIA が実施されても，数年の有効期限が過ぎると，EIA 更新のため追加調査が必要となる。EIA をベースに，環境マネジメント計画と環境監視計画，住民移転計画も作成される。詳細設計が終わった段階で，土地収用および住民移転計画が実施される。

表 4.11　世界銀行セーフガード政策

実施指針名	政　策　名	概　　要
OP/BP 4.01	Environmental Assessment （環境評価）	投融資プロジェクトの環境的・社会的な健全性および持続可能性を確保する。 意思決定プロセスに，環境的・社会的側面を統合させるよう支援する。
OP/BP 4.04	Natural Habitats （自然生息地）	自然生息地およびその機能の保護や保全，維持，回復を支援することにより，環境的に持続可能な開発を促進する。
OP 4.09	Pest Management （害虫管理）	殺虫剤の使用に伴う環境や健康への影響を最小化し，管理し，安全かつ効率的で環境に優しい病害虫管理を促進し，支援する。
OP/BP 4.10	Indigenous Peoples （先住民族）	先住民族の尊厳や人権，文化的固有性を十分尊重し，（a）文化的に適合できる社会的・経済的便益を提供し，（b）開発プロセスで負の影響を受けないよう，プロジェクトを設計・実施する。
OP/BP 4.11	Physical Cultural Resources （有形文化資源）	有形文化資源の保全，ならびに同資源を破壊や破損から回避するよう支援する。有形文化資源とは，考古学的，古生物学的，歴史的，建築学的，宗教的，その他文化的に重要な資源を含む。
OP/BP 4.12	Involuntary Resettlement （非自発的住民移転）	非自発的住民移転を回避，もしくは最小化し，それが実行可能でない場合は，移転住民の生計および生活水準が移転前の水準まで回復されるように支援する。
OP/BP 4.36	Forests（森林）	持続可能な貧困削減を可能とする森林の潜在力を認識し，持続可能な経済開発に効果的に森林を統合し，地域環境および国際環境における森林の重要な有用性および価値を保護する。
OP/BP 4.37	Safety of Dams （ダムの安全性）	新たなダムの設計・建設および既存ダムの修復，ならびに既存ダムによる影響を受ける事業の遂行において，質と安全を確保する。
OP/BP 7.50	Projects on International Waterway （国際水路におけるプロジェクト）	国際水路におけるプロジェクトについて，世銀や関係国間の関係を悪化させないように，できるだけ早期に国際的な対応が実施されるようにする。
OP/BP 7.60	Projects in Disputed Areas （紛争地域におけるプロジェクト）	紛争地域におけるプロジェクトについて，世銀や関係国間の関係を悪化させないように，できるだけ早期に国際的な対応が実施されるようにする。

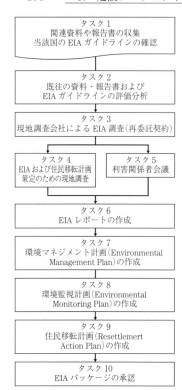

図4.8 EIAパッケージ承認までの
作業手順の例

建設前には，補償と土地収用が事業者によって進められることになる。

　世銀は，独自にプロジェクトチームを形成し，その中の環境専門家が適宜事業者やコンサルタントを指導しながらEIAを進める。事業者が責任者としてEIAを実施するが，実際の調査や報告書作成は，当該国のコンサルタントが行うことが多い。外国人コンサルタントとして，EIA支援を担う場合には，通常，現地コンサルタントに必要な現地調査を再委託することになる。利害関係者は，融資銀行や承認機関，事業者，コンサルタント（外国人と現地人），影響を受ける住民，**NGO（非政府組織）** などで構成される。

〔2〕**JICA**

　開発調査や建設プロジェクトは，JICAの環境社会配慮ガイドライン[10]に従う。このガイドラインは世銀のセーフガードと整合性を取るように改訂され，透明性や予測可能性，説明責任を確保することを目的としている。FS段階からEIA作成は義務付けられており，FS完了前にEIAは公開されなければならない。

　JICA環境社会配慮ガイドラインの2.6章は，援助対象国の法令と基準について以下を基本的な考え方としている。

・相手国および当該地方の政府等が定めた環境や地域社会に関する法令や基準等を遵守しているか確認する。

・世銀のセーフガードポリシーと大きな乖離がないことを確認する。

・また，適切と認める場合には，他の国際金融機関が定めた基準，その他

の国際的に認知された基準，日本等の先進国が定めている国際基準・条約・宣言等の基準又はグッドプラクティス等をベンチマークとして参照する。

JICA ガイドラインでは，セクターや規模，特性，地域によって判断（追加情報によって分類を見直すこともある）し，下記のようにカテゴリ分類をしている。

カテゴリ A ：重大で望ましくない影響が想定される

カテゴリ B ：望ましくない影響がカテゴリ A より小さい

カテゴリ C ：影響が最小限かあるいは全くない

カテゴリ FI：融資承諾前にサブプロジェクトが特定できない

　　　　　　　　（ツーステップローン，セクターローン等）

カテゴリ分類結果に応じた手続きを規定しており，カテゴリ A，B および FI は環境レビューとモニタリングを実施する。

外部専門家からなる環境社会配慮助言委員会の関与も拡大した。おもに，カテゴリ A やカテゴリ B の案件について，協力準備調査段階だけでなく，環境レビュー段階（審査段階），モニタリング段階（実施段階）でも JICA からの報告に対して，必要に応じて助言を行う。

カテゴリ A の分類基準は下記に示される。

① 影響を及ぼしやすいセクターの大規模プロジェクト

　火力発電，水力発電，ダム，道路，鉄道，空港，港湾，パイプライン，廃棄物処理・処分など

② 影響を及ぼしやすい特性

　・大規模非自発的住民移転

　・大規模な埋立，土地造成，開墾など

③ 影響を受けやすい地域

　・国立公園，国指定の保護対象地域

　・原生林・熱帯の自然林，生態学的に重要な生息地

　・先住民族の生活区域など

ダム開発は，影響を及ぼしやすいセクターの大規模プロジェクトとなるため，世銀や JICA などのガイドラインに従えば，カテゴリ A に分類される。また，ダム開発は，上記のカテゴリ A の 3 分類基準すべてに該当する可能性もあり，環境にきわめて重大な影響を及ぼす可能性のあるプロジェクトとして位置付けられる。

4.3.4 課題と解決策

〔1〕 **EIA の取組み方針と実施**

EIA は，環境専門家チームだけでは進められない。まずプロジェクト概要や設計，施工計画などが環境影響の条件となる。それを専門家や利害関係者が理解することが求められる。環境専門家と，設計者や経済分析専門家などがチームを組んで EIA を進める必要がある。

また，当該国の関連法に従った EIA は，国際金融機関の定める指針や基準を満足しない可能性がある。金融機関は，独自のガイドラインを持っており，一般には当該国の基準よりも厳しい内容になっている。EIA 実施前に，金融機関のガイドラインと当該国の基準との乖離内容を確認し，どの段階でその乖離を埋めるかを決める。例えば，「移転や補償対象となる住民には現在の生活水準を補償しなければならない」などは乖離を生みやすい。

最初から乖離を確認し，実施していく方法と，まずは当該国の基準で実施し，ある程度結果が出た段階から指導・修正していく方法がある。世銀等国際金融機関の詳細で高い水準の基準を満足するように，最初から調査計画を立て，実行する方法も考えられるが，現地の環境専門コンサルタントの能力や費用，調査工期も考慮して，現実的な調査プログラムが選択される。

事業者は，EIA の担当組織および責任者を決定する。例えば，途上国の電力公社（会社）や電力省には，通常環境担当局があり，そこが担当となることが多い。しかし，環境担当局は責任が大きい割には権限が不明なことも多い。環境担当組織は開発担当組織に比べて，一般に権限が限定されるために，開発推進を妨げるような環境側の要求を出しにくい状況も見られる。計画・設計を担

当する開発（建設）コンサルタントは環境専門家もチーム要員に入れる。一方
で，事業者または援助機関は別途，環境専門家を雇うことがある。世銀融資の
水力開発のFS調査（2015年開始）では，**図4.9**に示すように環境専門家が複
数採用され，環境調査結果を計画・設計にフィードバックする体制が取られ
た。環境負荷が大きい構造物の設計変更や環境影響緩和策の必要性などを協議
し，FSの設計に反映することを目的としている。

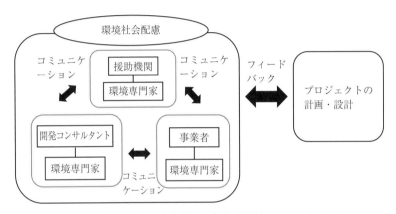

図4.9　環境社会配慮の実施体制と計画・設計とのフィードバック

　プロジェクトの合意形成を図るために，利害関係者会議は近年ますます重要
になっている。そのために，以下の点が重要である。

・利害関係者を漏れがないように適切に選定する。

・情報公開と合意形成のために，利害関係者会議はプロジェクトの早い段
　階から開始し，できるだけ頻繁に開催される。

EIA結果が，事業可能性を肯定するものであれば，環境影響緩和や回避の費
用を適切に見積り，経済・財務評価に反映する。

〔2〕**補償と土地収用，生活再建**

　開発で特に問題となりやすいのが，非自発的住民移転である。プロジェクト
によって，現在の生活に支障を伴ったり，資産を失う住民に対する補償が問題
となる。特に，ダム建設に伴う貯水池によって移転を余儀なくされる住民や土
地を失う住民に対して，彼らが納得できる補償や生活再建支援を事業者はしな

ければならない。原則は，現状の生活水準以上を補償するのが国際基準となっている。移転後の雇用も保証し，違法居住者への補償も考慮される。

　途上国の事業者は，世銀やアジ銀などの国際機関が規定する補償水準に不慣れな場合も少なくない。一般にそれらは，当該国の補償水準よりも住民に対して手厚いことが多い。事業者や雇用されたコンサルタントは，補償の方針を定めた上で，移転住民や負の影響を受ける住民に対して，十分な説明をし，補償をしなければならない。

　携帯電話など市民が手軽に所有できる通信技術の発達によって，ある地域でのプロジェクトの用地や家屋への補償に関する情報は別の地域へ簡単に伝わるようになった。事業者にとって，この種のすべての情報は公開したくない思いはあるが，現実は制御できない方向に進んでいる。

　事業者は，予算を確保し，補償や土地収用の担当組織および責任者を決定する。補償や土地収用は，費用が発生し，交渉を伴う。途上国では事業者組織の中に用地部や立地部がないことが多い。したがって，組織的に補償や土地収用まで責任を持って地主などに対応できない。補償担当組織や責任者にはその責任に応じた権限も与えるべきである。適正な補償基準は市場価値によって変わるので，市場価値の変動を監視し，それに応じた補償基準の見直しを適宜行う。

　一方で，不当な行為は規制すべきである。個人の利潤目的で，プロジェクト開発のインサイド情報を入手し，プロジェクト用地を取得したり，意図的に補償水準を上げる活動も見られる。事業者は，情報公開してある特定の時期を定め，その時期以降は補償対象としない対策も講じる。行政は，リーダーシップを発揮して，開発事業と住民保護の調整を図ることも必要である。

　EIA 同様に，事業者は補償や土地利用の調査をコンサルタントに委託することが多い。事業者が現地法令や融資機関のガイドラインに精通し，自然社会環境をよく理解した経験豊富な現地コンサルタントを選定することが実務上，重要である。

　【問題 4.13】環境影響の少ない社会基盤プロジェクトはなにか？ なぜ，それは環境影響が少ないのか？

【問題 4.14】プロジェクトの自然環境影響と社会環境影響の違いを述べよ。

【問題 4.15】JICA の技術協力案件で，ある途上国の社会基盤プロジェクトの環境影響評価を実施することになった。実施前の段階で，まずなにを確認すべきか？

【問題 4.16】あなたは，社会基盤整備の計画・設計プロジェクトの発注者側のプロジェクト・マネジャーをしている。一部の住民や市民活動団体が建設に反対している。彼らに対してなにをすべきか？

【問題 4.17】あなたは，社会基盤工事プロジェクトの請負者のプロジェクト・マネジャーをしている。建設準備はできたが，一部の住民や市民活動団体が建設に反対しているため，着工できない。あなたは，まずなにをすべきか？

4.4　官民連携による社会基盤整備

4.4.1　官民連携の現状と構造

〔1〕現　　状

国内建設市場の縮小に伴い，日本企業は開発途上国の社会基盤プロジェクトを受注し，海外市場に参入しようとしている。日本政府は，政府開発援助で実施してきた海外の社会基盤プロジェクトに対して，官民で役割を分担し，民間の資金や能力の活用（民活）を図ろうとしている。すなわち，官民が協働で途上国の開発課題に取り組む仕組みを構築しようとしている。

JICA は，有償や海外投融資での支援を想定した官民連携による社会基盤プロジェクトの形成を支援している。日本は，政官民の三者が共同して，新幹線や原子力発電所のほか，道路や上下水道の分野で海外受注に取り組んでいる。成果は徐々に出ているものの，中国を始めとする諸外国との受注競争は厳しい。日本企業の民活方式による海外での社会基盤プロジェクトの成功事例はそれほど多くない。

日本の民活事業では，資金調達や官民のリスク分担，リスク緩和策などの課題が十分解決されていない状況にある。官民が連携して公共サービスの提供を

行う方式として**官民連携**（パブリック・プライベート・パートナーシップ，**PPP**）がある。このほか，民間の資金やノウハウを活用する事業調達方式として，**PFI（private finance initiative**）や **IPP，民活方式**などがある。PFI は，官民連携の手法の一つであり，官民連携には，指定管理者制度や市場化テスト，公設民営方式，包括的民間委託，自治体業務の外注等も含まれる[14]。民間投資を伴う官民連携の事業は，企業にとって，リスクを伴うが，収益を目標とするので，従来の公共事業とは大きく異なる。財政難の途上国は，外資による社会基盤整備に期待している。本節では，民間投資を伴う官民連携を官民連携と定義する。

IPP は，国内外の電力事業における民活に用いられ，既存の電力事業者以外の独立系電気供給者を指す。海外の電源開発に日本企業は IPP や官民連携プロジェクトとして取り組み，成功を収めてきた。今後の海外での社会基盤・官民連携プロジェクトにも有益な知見や教訓を与える。

事業調達に関連する契約として，建設後の維持管理方式の違いから，BOT や BTO，BOO などがある。

〔2〕 **事業方式と組織**

事業者による発注方式は，事業調達・契約・入札に区分される。官民連携事業の発注では，これらすべての方式が関係し，事業者が契約書を作成する。資金調達の審査では，発注に関わるこれらの契約書も対象となる。

従来，官主導で実施されてきた建設プロジェクトの主要関係者の契約と資金の流れを**図** 4.10 に，民活事業の主要関係者の契約と資金の流れを**図** 4.11 に示す。事業起案者が，プロジェクト実施のために，**特定目的会社（special purpose company，SPC**）を立ち上げる。主要関係者だけを表示しているものの，民活事業のほうが，SPC を中心に関係者の数は多く，複雑な構造になっている。民活（海外電力 IPP）および官民連携，政府開発援助の事業方式別に，主要関係者を**表** 4.12 に示す。

民活と官民連携は，SPC 設立を前提としている。民活や官民連携の事業起案者は，SPC 設立までは，事業化のためにリーダーシップを取って，全体を

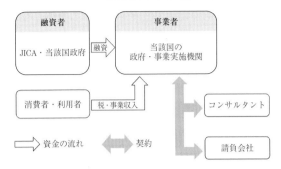

図 4.10　政府開発援助による建設プロジェクトの主要関
係者間の契約と資金の流れ

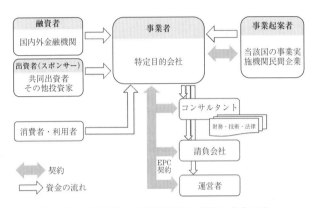

図 4.11　民活事業の主要関係者間の契約と資金の流れ

表 4.12　日本主導の事業方式別の主要関係者

項　　目	民活（電力 IPP）	官民連携	政府開発援助
融資者	国内金融機関，国際金融機関，商業銀行など	国内金融機関，国際金融機関，商業銀行など	日本の政府・公的機関，当該国政府（国際金融機関との協調融資もある）など
出資者（スポンサー）	民間企業，特定目的会社の株主	日本の政府・公的機関，民間企業，特定目的会社の株主など	日本の政府・公的機関，当該国政府など
事業起案者	当該国の事業実施機関，民間企業（JVもある）	日本の政府・公的機関，当該国の事業実施機関，民間企業（JVもある）など	当該国の政府・事業実施機関など
事業者	特定目的会社	特定目的会社	当該国の事業実施機関

マネジメントし，SPC 設立後は，事業者を支援する重要な役割を果たす。電力民活事業では，事業者の親会社が，事業起案者となり，出資者にもなる。官民連携プロジェクトでは，官民それぞれの出資者と事業起案者の候補者が多くなると考えられる。

4.4.2 プロジェクトファイナンス

社会基盤プロジェクトを官民連携で立ち上げるためには，事業起案者は，人・物・金を用意しなければならない。人や物は，まず内部組織での調達から始めるが，金の一部は外部調達となる。国内外の金融機関から**プロジェクトファイナンス**として融資されないと，プロジェクトは成立しない。プロジェクトファイナンスとは，特定のプロジェクト（投資事業）に対する融資である。その融資の返済原資は，そのプロジェクトから生み出されるキャッシュフロー収入に限定され，かつ融資銀行の取得する担保も原則としてその事業の保有する有形資産に限定される[15]。

特定のプロジェクトとは，具体的には石油の開発生産や LNG 生産設備の建設操業，石油化学プラントの建設操業，電源開発運転などのプロジェクトである。これらは，資源開発や工業プラント，電源開発，社会基盤整備などに分類される。まず，重要な点は「投資事業内容の特定」である。事業内容の特定は，事業計画当初の時点だけにとどまらず，事業が軌道に乗った後でも事業内容を変更してはならない，ということも意味する。

投資事業に関する契約には，**事業権契約**（**concession agreement**）や**建設契約**（**EPC contract** など），原料調達契約，製品販売契約などがある。発電事業では，事業権契約と**買電契約**（**power purchase agreement**）の合意がきわめて重要である。事業権契約は当該国政府・機関と，買電契約は買電者と，事業者はそれぞれ交渉して最終化する。融資銀行は，これらの契約書を審査し，プロジェクトファイナンスの条件を決める。

融資銀行は，出資者に対して基本的に債務保証を要求しない。このことを出資者に対して，**ノンリコース**（**non recourse**）であるという。リコースは，

「訴求する」が原義であり，「（貸出金債権の）請求権がある」を意味する。したがって，「出資者に対してノンリコース」とは，融資銀行（貸出金の債権者）は，出資者に対して融資の請求権がないということを意味する。出資者にとって，プロジェクトファイナンスでの借入金が自らの債務とならない点は，投資へのリスク回避となる。一方で，融資銀行にとって，ノンリコースローンは，その親会社等の資産や収益力とは関係なく，対象事業のみからの返済の確実性を厳しく審査しなければならないので，審査能力が問われる融資となる。

　プロジェクトファイナンスで成功している代表的な海外事業として，資源開発と電力開発があるが，国内では状況が異なる。資源案件は皆無に等しく，電力事業は規制緩和がまだ効果を十分に上げていない。社会基盤整備による事業（例えば高速道路）は政府主導である。さらに，資金需要側の産業界にノンリコースローンの利用価値が十分理解されておらず，資金供給側の銀行融資の承認が容易でない点も障害と考えられる。

4.4.3　事業可能性と経済・財務評価
〔1〕事業可能性調査（FS）と環境影響評価

　事業起案者は，対象となる社会基盤プロジェクトを推進すべきかどうかの判断を，確実かつ効率的に行う必要がある。日本の政府開発援助プロジェクトのように，確実ではあるが，着工までに，長い年月をかけて，予備調査，事業可能性調査（FS），詳細設計を行うことは非効率な面も有する。それらの調査設計費用は，すべて出費であり，その期間が長引けば，収入開始までの期間も長くなる。通常，事業起案者は，入札後，あるいは自ら提案する事業では「事業可能性」を最終判断した後，SPC組成に着手する。SPCは，過去の調査設計報告書を基に，入札図書を作成し，請負会社を選定する手続きを進める。

　FSは，事業推進を判断する鍵であり，事業権契約を得るにも必要である。FS前の予備調査では，対象案件が，民活や官民連携として成立するかどうかをまず調査し，予備設計をする。技術や経済性，環境影響の点から総合的に評価し，成立する可能性が低い場合には，中止の判断をすることになる。事業可

能性があると予備調査で判断されると，次のFSに進むことになる。予備調査段階から，経済分析や財務分析を行い，FSでは，さらに分析精度や信頼性を向上させる。

FSでは，技術リスク分析や環境影響評価を適切に行うことによって，その対策費用を見積り，プロジェクト費用に反映させる。設計は建設前までに何度も見直されることが多いので，FSで検討した結果だけでなく，その根拠や条件も記載しておく。また，FSで未解決だった課題も整理しておく。

EIAの実施責任者は，通常事業者（SPC設立前ならば事業起案者）であり，EIAのプロセスを十分理解した上で，EIAを実施し，当該（中央あるいは地方）政府の承認を得なければならない。EIAは，官民連携プロジェクトでは事業権契約の交渉前までに完了させる必要がある。FS終了段階では，技術，経済・財務，環境の三つの観点で評価するとともに，総合的に事業可能性を判断する。

〔2〕経済・財務分析

社会基盤プロジェクトでは，経済分析と財務分析の両者が必要となる。両者は共通する部分もあるが，目的から手法，結果評価まで異なる点も多い。**表4.13**に事業方式別の経済評価と財務評価の考え方を示した。政府開発援助プロジェクトでは，まず経済分析によって，プロジェクトの妥当性・有効性・効率性を評価する。電力民活／官民連携では，銀行融資のために，財務分析によって財務の健全性を示さなければならない。経済分析では，「国家の社会経済の視点から，プロジェクトの目的に対して，資金が最適な使われ方をされているか」を評価する。財務分析は，「プロジェクト関係者にとって，投融資が適正な利益をもたらすか」をまず，評価する。各分析手法の詳細は5章で説明

表4.13　事業方式別の経済評価と財務評価の位置付け

項　目	民間投資事業 （民活，官民連携）	政府開発援助
経済評価	融資機関にとって，事業の経済性は財務の補完的な位置付け	経済分析で事業の妥当性・有効性・効率性を評価し，事業可能性を判断
財務評価	財務分析により必要な利益が確保されることが事業化の前提	経済評価が低いと財務評価が高くても事業実施は不可

する。

　融資銀行は，キャッシュフロー分析に基づく財務結果の関心がきわめて高い。その目的は，**融資返済の確実性**，すなわち貸付額と利子が確実に返済されることを検証することである。この分析では，基本となるベースケースを作成した上で，さまざまなケースを予測し，解析する。これを**感度分析（sensibility analysis）**と称する。感度分析は，確率論に基づき，投資事業の経済・財務に影響を及ぼす要因をパラメーターとして，その数値を変動させ，経済・財務結果への影響度を分析する。財務分析では，ベースケースに対して条件悪化による採算性低下に着目する。すなわち，事業収入の低下や初期建設費用の増加，運転維持管理費用の増加，借入金利の上昇などのリスクを定量的に分析する。ベースケースの結果が良くても，条件次第で結果が悪くなることは十分あり得るので，財務予測の信頼性向上に有効な作業といえる。銀行はこの感度分析の過程や結果を厳しく審査する。

　投資事業のFSで事業可能性ありと判断されたら，SPC設立の前に，事業起案者は，資金調達の可能性を探る。電力民活案件では，投融資のために，国際協力銀行やJICA，商業銀行等に借入れの相談をする。各銀行は，財務分析を含むFSおよびEIAの結果や事業実施のための契約書（案）を基に独自で事業可能性を分析する。起案者は，自己資本よりも借入の割合を増やすことによって，**レバレッジ効果**により自己資本に対する利益（率）を増やすことを試みる。レバレッジ（てこ）とは，他者の資金を使うことで，事業規模を拡大し，より大きな利益を上げる手法である。したがって，低利の借入金をどれだけ調達できるかが起案者にとって重要である。政府開発援助プロジェクトと投資事業では，銀行とその他の関係者で重視する要素が異なる点は，事業起案者や事業者，融資者，出資者，投資家がおのおの十分認識しなければならない。

4.4.4　リスク分析

〔1〕リスク抽出と分類

国際的には，さまざまな社会基盤プロジェクトがプロジェクトファイナンス

によって資金調達されている。しかしながら，リストラやリスケジュールなど採算が悪化したプロジェクトファイナンス事業にはこの社会基盤分野が少なくない。社会基盤プロジェクトは，規模が大きいため，その細分化された作業（WBS）も数多くなり，各作業でなんらかのリスクが想定される。また，その多くのリスクは費用増加や工期遅延につながる可能性を持っている。

民活水力発電事業では，**表4.14**に示すように，さまざまなリスクがあり，時系列では，① 計画・設計，② 建設準備，③ 建設，④ 所有権移転・撤去，⑤ 運営管理に分類できる。民活火力事業では，このほか重要なリスクとして燃料調達がある。

表4.14 民活水力発電事業におけるリスク一覧

項　目	不可効力	政策リスク	商業リスク
計画・設計段階	自然現象（地震，台風，洪水等），騒乱，戦争	政策変更（許認可取得），環境	測量，調査，計画変更・遅延，資金調達，データ情報，需要想定
建設準備段階	自然現象（地震，台風，洪水等），騒乱，戦争	政策変更（許認可取得），環境，用地取得・補償	投資形態と方法，ファイナンス・クローズ，交渉長期化，案件巨大化
建設段階	自然現象（地震，台風，洪水等），騒乱，戦争	政策変更（許認可取得），環境，用地取得・補償	完工（完成遅延，費用増加，欠陥発生，プラント効率等）
所有権移転・撤去段階	自然現象（地震，台風，洪水等），騒乱，戦争	政策変更（許認可取得），土地収用	価格設定（BOT），費用見積（BOO）
運営管理段階	自然現象（地震，台風，洪水等），騒乱，戦争	政策変更（許認可取得，投資回収率規制，税制，外資優遇策の変更，外資の制限），環境，土地収用	送電ネットワーク，操業（稼働率低下，費用増大），販売（引き取り量・料金），市場（需要変化），為替（外貨入手，外貨送金，為替変動）

また，事業の利害関係者（融資者や出資者，投資家，事業起案者，SPC，コンサルタント，建設会社，住民，NGO）では，関心の高いリスクが異なる。財務の関係者は，リスク負担に応じた収入や利益を得ることに関心が高い。建設請負会社への発注契約が，SPCと請負会社間で，適切にリスク分担されていないと，請負会社の予想リスクが入札額をFSでの積算よりも大幅に押し上

げる可能性がある。事業中断や中止にもなりかねない。

　リスクは結果的に財務に影響を与えるので，キャッシュフロー分析でも各年度のリスクを特定し，財務への影響を分析し，認識することが必要である。投資事業の事業者は，融資者に比べて，リスクを明示したくない心理が働き，リスク分析結果を過少評価する傾向がある。日本企業の経営者が，投資を判断する際に，負のリスクの可能性を意図的に排除する志向があると，リスク分析の責任者は，会社組織上，上司や経営者，銀行への客観的な報告がしづらい状況に陥る。欧米は，リスク分析により最悪の事態を想定し，その結果を関係者で情報共有することの重要性を理解し，当然のプロセスとして受け止める傾向がある。一方，日本では，リスクが顕在化してから対応することもあり，かえって損失が増大する危険を含んでいる。リスクの先送りが損失を大きくする事例は少なくない。リスクの発生確率と規模を定量的に分析し，その結果を関係者に開示し，リスク回避・緩和策を講じていくことが日本主導の社会基盤プロジェクトに求められている。

　融資銀行は，財務を悪化させるリスクに特に注目しており，需要予測に起因するマーケットリスクと完工リスク，販売リスクが代表的なものとして挙げられる。それらは，以下のように分析される。

〔2〕 需要予測とマーケットリスク

　FSでは，さまざまな不確定要素を考慮した条件を設定し，財務計算を行う。財務分析の基礎となる一次データは，事業費用であり，この費用を押し上げる要因がリスクとなる。財務予測結果に対して，まずFS時点で投資可能性が判断されるが，実際の財務結果は，施工が完了し，運営管理段階にならないと判明しない。FS段階で，いかに財務分析の信頼度を向上させるかはつねに課題である。しかしながら，事業起案者は，プロジェクトを推進する側に立つため，委託を受けたコンサルタントは，彼の意向を無視できない。そのため，プロジェクトが有利になる条件を設定しやすい。

　融資銀行は，FSの財務計算結果を基に財務リスクを分析する。最も大きな

リスクの一つとして，需要予測が挙げられる。これは，対象とする社会基盤プロジェクトの妥当性や有効性，効率性にも関連する。確定的な手法では，コンサルタントは発注者（事業起案者）の意向を受けて実施するため，過大な需要予測となる傾向がある。過大な需要予測は，収入を増やす見積となり，財務に有利な結果を導く。融資銀行にとっては，需要予測結果を信頼しにくいことになる。

　需要予測は，政府開発援助事業だけでなく，民活プロジェクトでも議論の対象になりやすい。プロジェクトの全体計画の基本条件として，それ以降の計画・設計が進められるためである。**図 4.12** は，A 国の電力需要予測を示しており，長期電力供給計画に非常に大きな影響を及ぼす。最大と最小の需要予測では，供給源としての発電所建設計画が大きく異なるためである。需要予測は，確定論でなく，最小～最大の範囲で予測すべきである。途上国では，十分データが集まらないことも多い。マクロやミクロなど，さまざまな手法で予測することで，予測結果の信頼性を上げる。個別のプロジェクトでは，事業者にとって，最小の需要予測による財務分析は，リスク回避につながる。

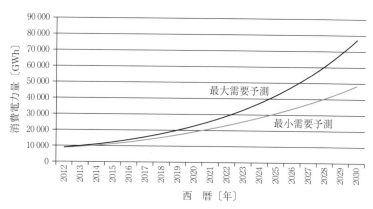

図 4.12　A 国の 2030 年までの消費電力量〔GWh〕需要予測

〔3〕 完工リスク

　工事完了（完工）リスクは，財務に直接多大な影響を及ぼす。建設費増加（コストオーバーラン）が限度を超えると，事業開発権（コンセッション）を

失うことにもなる。不明確な定義やスコープあるいは不確実な地質条件，あい
まいな安全基準などは，初期建設費用を著しく押し上げる可能性を有してい
る。公共事業でのEPC契約でも，日本の大手建設会社がこの種の失敗を十分
避けられていない状況は憂慮される。

　しかしながら，この種の潜在的な問題は，事業開発権契約が署名される前
に，十分なエンジニアリング調査を行うことによって解決できる。工期の遅れ
も建設費に多大な悪影響を与える。適切な建設マネジメントによって，これら
の遅れを最小化できるが，さらに別の要因で遅れる可能性は残る。外部要因と
して，インフレーションや経済政策，税関での輸入資機材の差し止め，政治紛
争などは，建設費を増加させる。また，用地取得の遅れは，マネジメントがき
わめて難しい。

　自然・社会環境影響は，近年，発生確率および規模ともに増大しつつある完
工リスクとなっている。途上国においても，民主化や情報共有が進み，市民や
NGOは政府や事業者にさまざまな賛否の意見や要望を発信するようになって
きた。したがって，EIAの調査水準が上がり，承認まで長期化している。

　また，事業者が取るべき環境緩和策はEIAだけに終わらない。水力発電開
発では，本体工事としてのダムや発電所のほか，送電線や工事用道路，原石山
採掘などの付帯工事が発生するので，その工事や維持管理に関する環境調査や
対策も実施しなければならない。本体工事のほか，工事用道路は，事業全体の
CPとなるので，道路用地取得や工事の遅れは事業全体の工程を遅延させる。
また付帯工事および環境調査・対策の費用増加は，総事業費に少なくない悪影
響を与える。

　EIAの調査結果に基づいてFSで，用地取得や補償費用，自然環境保全費用
などを概略で見積る。また，事業に反対する団体（地元住民やNGOなど）へ
の対応も事業費増加や工期遅延の要因となる。大規模ダムを伴う水力発電事業
では，その費用は上昇傾向にあり，財務に大きな影響を及ぼす。その環境関連
費用は総事業費の2割に達することもある。環境影響調査や活動に伴う工期遅
延も，キャッシュフローに直接影響し，財務を悪化させる。

環境影響に関連するリスクの抽出や発生確率，規模は，技術リスクに比べて，一般に予測が難しい。近年の当該国や地域での類似事例を調査し，対象事業のリスクを分析し，感度分析によって，完工時の費用増加の影響を財務評価すべきである。完工リスクは，ほぼ全量民間事業者の責任となるので，建設契約の工期どおりに完工することが求められる。完工リスクが大きいと，事業の財務予測の信頼性が低くなる。

〔4〕**販売リスク**

社会基盤では，施設のサービスを提供して収入が得られる。事業の直接収入は，サービス単価と利用者数の積で算定される。その収入（販売）は，おもに，二つの要素（使用料金と利用数量）によって変動する。社会基盤プロジェクトの多くは利用者が不特定多数であり，使用料金に対してどれだけの利用者数が見込めるのか，の予測が難しいので，**販売リスク**が生じる。財務分析によって，損益分岐点を上回り，借入金返済と配当金支払が十分に可能な水準の事業収入が見込めることを検証しなければならない。

需要および料金の変動水準に関して，信頼できる過去のデータや記録，文書があったとしても，その有効性は，さまざまな要因によって変わり得る。需要予測とリスクは先に述べたとおりであり，確率論を用いて保守的な予測をしても，変動リスクは残る。

例えば，水分野では，過去の実績データを入手できる可能性は高い。しかしながら，浄水費用に補助金が使用されていると，補助金なしの場合に，消費者がどの程度利用するかを予測することは非常に難しい。道路分野では，過去の交通状況の詳細な調査や将来予想，利用者の支払い意思額調査を実施したとしても，利用者が実際に関心を示す交通水準にはリスクを伴う。このリスクは，何年も運営した後に明確になり，軽減できると考えられる。予測不可能なリスクとして，例えば，1970年代の二度のオイルショックや今世紀初頭の石油の高騰は，自動車の利用制限を引き起こした。

交通利用リスクは，当該国の社会経済状況，すなわち経済成長や自動車所有率によって，増大する可能性がある。一般に途上国では，個人の自動車所有率

と収入水準は低いため，有料道路と一般道路が並行している場合には，一般道路を優先する傾向がある[16]。また，途上国特有の前例のない事態も発生する。インドネシアでは，2010 年ごろから，収入水準が高くない国民でも低額の頭金でローンを組めるようになり，自動車やオートバイを購入できるようになった。そのため，ジャカルタでは，毎年急速に自動車所有台数が増え，交通渋滞は一層ひどくなった。現在，ジャカルタでは日本の円借款で地下鉄工事中であり，完成すれば初めて地下を通る**大量輸送鉄道（MRT）**となる。通勤や買い物のための自家用車やバスの利用者が，どの程度 MRT を利用するのかを予想することは前例がないためにきわめて難しい。有料道路の利用者に与える影響の予測も同様に難しい。

　道路事業では，民間分野に移行されるべき適切な交通リスクは，十分分析されるべきである。実際に受け取る利用料金のほかに，通行量やサービス内容に応じて民間事業者に支払う**潜在使用料金（シャドウトール）**や実現可能な支払い額上昇の仕組みは，政府が契約条項で考慮すべきである。利用料金収入だけでは，通常，投資額の回収は困難である。

　これらの**商業リスク**（需要の減少や市場の変化，為替変動，固定価格，さらに汚職など）が顕在化すると，公共事業の収益も低下させることになり，民間分野にとって長期的に魅力のない投資分野となる。

4.4.5　グッドプラクティス

〔1〕電力開発と資源開発

　1997 年に発生したアジア経済危機後，東南アジアの電力分野で日本が投資を始めた。この分野の主役は総合商社と電力会社である。まず，フィリピンのサンロケ水力民活事業が開始し，その後ベトナムやインドネシア，ラオス，タイで火力や水力の民活事業が進められた。アジアの電力民活事業は，日本企業が牽引し，成功を収めた。電力以外での成功例として，資源開発もある。これらは，**グッドプラクティス**として官民連携プロジェクトの参考となる。

　電源開発の投資事業の特徴は以下のとおりである[15]。

- ・ **施設設備料金**（**capacity charge**）と**発電料金**（**energy charge**）の両者を支払う**オフテイク契約**（**サービス利用契約**）がある。
- ・ 融資対象物件に当たるプラント等建造物そのものには大きな経済的価値は認められない。
- ・ 建設期間中からノンリコースとすることが多い。
- ・ 融資の返済期間は完工後 10 〜 15 年と比較的長い。

　電力事業では，**事業開発権契約**（**concession agreement，CA**）を当該政府等と交わした後，**電力購入契約**（**power purchase agreement，PPA**）を結ぶ。オフテイク契約とは，発電した電力を単独の現地のサービス利用者（オフテイカー）が PPA で規定された価格で買い取る契約である。途上国では，オフテイカーは当該政府の電力事業者であり，具体的には政府の電力省や国営電力会社である。オフテイカーは，通常**テイクオアペイ**（電力を引き取るか，引き取らなくても支払いをする）**契約**によって支払い義務を有する。LNG プラント事業では，LNG が生産できれば，オフテイク契約に基づき購入は約束される。また，石油精製や石油化学を生産する工業プラントでも，オフテイク契約は存在する。

　PPA 価格規定では，施設設備料金は資本金（借入金や配当金等），発電料金は変動費用（維持管理費や燃料費等）を対象にそれぞれ算定される。事業者は現地通貨の為替リスクを回避するために，PPA 価格は，通常主要国通貨に連動している。サービス利用者による任意の契約解除は，サービス提供者（発電事業者）に対し資本金や将来の収益を補償する義務を負う。この点において，事業者は，当該国政府（具体的には財務省）からも保証を取るなどの措置を講ずる。発電事業者は一定水準のサービスを利用者に提供すれば（あるいは提供する準備ができていれば），一定の事業収入が期待できる。したがって，事業者は提供するサービスの価格変動リスクを取らない。

　一方，石油や天然ガス，石炭の採掘精製などで代表される資源開発事業では，資源そのものに経済的価値があり，国際市場で換金が容易であるため，ビジネス上有利である。オフテイカーが電力のように固定されていないことはリ

スクになっていない。プロジェクトファイナンスの「融資」としての要件，「返済の確実性」を，資源開発事業では満足しやすい。地下資源が採掘されれば，採掘された生産物（例えば石油や金，銅）の換金は，市場により相当程度保証されている。

　これまで成功を収めてきた代表的な電力と資源の開発事業は，財務の裏付けによって，投資可能なプロジェクトを発掘開発することが，事業者にとって可能である。電力では，PPAにより売電価格が決定され，その単独のオフテイカーとテイクオアペイ契約を結ぶことによって，財務上事業が成立する。資源では，採掘資源の経済価値が高いため，オフテイカーが多数でも，投資事業が成り立つ。

　社会基盤整備は，資源開発同様に，サービス利用者が固定されず，一般多数である。しかしながら，使用料金は財務計算だけから決定できる状況にはないので，民間投資事業として成立しにくい。したがって，財務の持続性が成立するための，官の支援範囲と程度を決める手段や取決めが必要となる。財務ではなく，対象社会基盤の妥当性や有効性，効率性に基づく経済評価が，当該政府の支援範囲と程度を決める要素となる。

〔2〕 電 力 事 業

　電源開発による官民連携プロジェクトの事例として，フィリピンの水力発電を含むサンロケ多目的ダム事業とベトナムのフーミー火力発電事業を述べる。

　サンロケ多目的ダム事業では，発電による便益を期待して，民間企業による投資が行われた[17]。ダムは，発電のほか，洪水対策や灌漑，水質改善の多目的である。

　事業（総事業費：約10億米ドル）は，国際入札後，1997年10月にフィリピン電力公社（NPC）と現地法人サンロケパワー社（SRPC）がPPAを締結し，2003年5月に運転開始した。SRPCは，丸紅（出資比率42.45％），アメリカのサイスエナジー社（50.05％），そして関西電力（7.5％）が共同出資した（その後，資本構成は変更）。その資金の流れを図4.13に示す。SRPCは，すべての構造物の設計と建設，および25年間の発電事業の運営を行う。現在

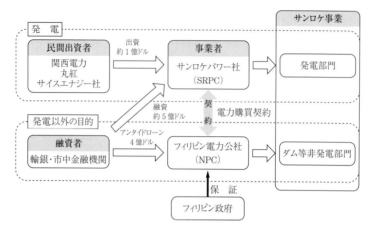

図4.13　サンロケ多目的ダム水力発電事業の構造と資金の流れ

まで，一定量の電気を NPC に卸し売りしている。

　一方，発電所関連以外の施設設備は，日本の国際協力銀行（当時の日本輸出入銀行）の融資で建設された。NPC は，非発電設備の建設費用4億米ドルをSRPC に支払う。それ以外の NPC の責任は以下のとおりである。

・建設完成後の貯水池を含む非発電設備の維持管理

・水利権確保，用地買収，地元対応

・流域管理

・関連送電線の建設

　非発電設備は，フィリピン政府と電力公社が事業者となることにより，民間の発電事業費用を低減することが可能となった。また，建設契約や買電契約において官民間で，適切にリスクを分担した。官側の役割は，民間事業者にとってリスクが高く，負担しにくい項目である。その結果，発電事業の収益が向上した。

　JICA は，1990 年代，ベトナムで増大する電力需要に対応するために，フーミー火力発電事業を支援した。ホーチミン市南東のフーミーに天然ガスのコンバインドサイクル発電所（総出力1 090 MW）ならびに関連送電線，変電所を建設するために，1994 ～ 99 年に円借款（総額614 億 8 200 万円）を供与し

た[18]。円借款によりベトナム電力公社（EVN）第1号機の発電設備と基盤設備の建設を経て，第2号機以降の民活およびEVNの事業の国際入札が実施された。以下に示すように，その円借款では相当規模の基盤整備を民活事業のために支援した。

- ・発電所関連設備（冷却水システム，燃料供給システム，開閉所等）
- ・関連送電線，変電所（送電線：220 kV 計180.4 km，110 kV 計90.8 km，変電所：220 kV 3か所，110 kV 6か所（新設・増設））

JICAは2001年3月にフーミー－ホーチミン市間の500 kV送電線建設事業にも円借款（131億2700万円）を供与した。2002年には，プロジェクトファイナンスの融資契約書に調印し，東京電力と住友商事がベトナムで最初の民活事業（BOT方式），第2号機建設運営に参画した。その後，九州電力や日商岩井（現双日）が民活事業（BOT方式），第3号機建設運営に参画した。第2，3号機ともに，発電した電力は20年間の売電契約に基づきベトナム電力公社に供給し，その後，発電設備を同国政府に譲渡する。

いずれの電力官民連携プロジェクトも，民間は総合商社と電力会社のJVである。海外事業に強い商社と電力開発に総合力を有する日本の電力会社がパートナーを組んだことも成功の要因となった。ベトナム電力公社も，本事業は民間投資を促進する上で有効なモデルと認識し，今後も他地点で展開する予定である。本事業は，円借款による電力事業により発電セクターへ民間投資を促進するという視点から，官民連携の好事例といえる。

4.4.6　官民連携プロジェクトの海外展開

〔1〕官 の 支 援

官民連携事業では，施設やサービスを提供する公共（官）側が適切に協力・支援しないと財務健全性が成立しない可能性が高い。その具体的な支援方法を**表4.15**に整理した。まず，時系列で投資環境整備と建設・運営段階に分け，さらにソフトとハードに分類した。直接支援は，事業者の出資に直接関係する項目であり，間接支援は，その出資に間接的に関係するか，事業推進上，間接

表 4.15　官民連携プロジェクトにおける官の支援方法

項　目	分　類	直　接	間　接
投資環境整備	ソフト	事業可能性調査，環境影響調査，用地取得・補償調査，租税公課低減，許認可取得	税務行政改善，税関手続き改善，環境ガイドライン整備，許認可取得の支援，人材育成
	ハード	共通インフラ先行整備（電力案件では，火力発電所群のための港湾整備），建設や維持管理のための運輸（道路・港湾）整備	当該事業周辺地域の維持管理
官負担（契約範囲分離）	ソフト	環境関連調査，許認可取得，用地取得と補償，事業への日本政府出資・当該政府出資，サービスに対するオフテイカーの設定，サービスに対する支払契約の米ドル・円建て払いやインフレなどに対する変動規定，リスクに対応した官負担増大	サービスに対する支払に関する政府保証（電力案件では PPA やオフテイカーに関する政府保証）
	ハード	当該事業に関連する公共事業実施（例えば，水力発電事業で利用する多目的ダムの建設と維持管理）	当該事業の地域や流域の維持管理

的に必要となる項目である。いずれも，先に述べた完工リスクおよびマーケットリスクを低減する効果が期待できる。これらは，事業起案者が日本企業の場合には，日本政府あるいは現地政府が対応すべき項目に分かれる。例えば，環境関連の計画や調査，用地取得や補償は現地政府がどの程度支援するかで，事業（起案）者の負担は大きく変わる。

　海外の電力民活・官民連携事業は，民間投資およびJICA支援によって，多くの成功を収めてきた。官の支援と民の投資の適切なバランスが成功をもたらした。事業の経済・財務の視点から，官の支援範囲を決定したことが成功の要因となった。これらの民活・官民連携事業での官民の役割分担は，枠組みを最初に構築して，それを目標に実行したわけではなく，官民や現地政府・機関との協議を通じて，試行錯誤の上，現実的で効果的な協働体制に至ったものである。

　近年，海外ではなく，国内の公共施設の資金調達や建設，操業においても，民間の資金やノウハウを活用するために，官民連携手法が適用されている。これらにはプロジェクトファイナンスが多く活用されており，多くの民活・官民連携事業はこの電力オフテイク契約（サービス利用契約）に類似した長期契約

を有している。

　これまで，海外社会基盤案件向けのプロジェクトファイナンスの組成は銀行にとって難しいとされてきた。しかしながら，電力オフテイク契約のように，当該国政府・機関が，初期費用回収のための固定料金と利用量に応じた変動料金を事業者に支払う契約方式は，事業化の解決策となりうる。

　また，商業リスクに対しては，出資金の比率を厚くし，借入金比率を下げて「返済の確実性」を高めるなどの工夫をし，プロジェクトファイナンスを形成することも考えられる。公共性の高い官民連携プロジェクトに対しては，公的金融機関による融資条件の緩和も求められる。当該事業の現地政府は，事業者に対して，サービスに対する支払契約の国際通貨（米ドルや円）建払いやインフレなどに対する変動規定，リスクに応じた負担増大も考慮する必要がある。

〔2〕民間の挑戦

　道路や水分野の海外の官民連携事業を組成し，推進するために，日本の民間企業の積極的な取組みが期待されている。従来の発注者からの委託や請負ではなく，投資を伴う事業参加である。一部の国際的な企業を除いて，日本企業は，技術支援や最新技術の適用や施工，人材育成などを得意としてきたが，国際契約に基づく投資事業は欧米に比べて得意ではない。投資事業は，規模や内容にもよるが，民間のリスクは増える一方で，収益の拡大が期待される。これまで，日本では総合商社が海外社会基盤の民活・官民連携プロジェクトを推進してきたが，建設業界として海外市場を開拓するために，コンサルタントや建設会社，開発運営会社の参加が望まれる。

　対象事業が国際入札あるいは自社提案にしても，事業起案者は，投資するためには，プロジェクトファイナンスを理解し，財務分析を十分行い，総合的に事業可能性を判断する必要がある。計画段階から需要予測とあらゆるリスクを十分に分析していくことが求められる。

　社会基盤の需要予測は，通常，事業起案者から委託されたコンサルタントが実施してきた。予測結果に対する銀行側の信用を高めるように，起案者およびコンサルタントの対応が求められている。すでに述べたように，需要変動要因

を抽出して，確定論でなく，確率論で統計処理すべきである。

　完工リスクや販売リスクは工期やコストに対する影響が大きいので，つねにリスク分析を行い，財務への影響度を予測し，予防対策を取ることが望まれる。リスクも作業分割構造のように，できる限り細分化することが，関係者の理解を助け，責任の所在を明確にさせる。一方で，優れた分析結果は事業に否定的な内容になることもある。しかしながら，事業起案者は，理論的で保守的な視点から，評価分析することが望まれる。

　また，官民連携事業の取組み方法は，一般化できる段階にはなく，個別案件で望ましい協働のあり方を追求していくことになる。そこでは，官民の役割分担やリスク分担が課題となる。リスク緩和のために，事業起案者は，事業の準備段階で，十分な分析を行い，事業全体の成功のために，官が取ったほうが望ましいリスクを抽出し，官の負担や役割を提案することも効果的である。

【問題 4.18】 途上国の社会基盤整備でなぜ民間投資が必要になってきたのか？

【問題 4.19】 投資による社会基盤プロジェクトの官民連携にはどのような方式があるか？

【問題 4.20】 海外での民活電源開発プロジェクトは，なぜ成功したのか？

【問題 4.21】 投資事業のプロジェクトファイナンスで，融資銀行はなにに最も関心を持つか？ それはなぜか？

【問題 4.22】 民間投資による途上国の社会基盤プロジェクトのリスクはなにか？ 政府開発援助によるプロジェクトのリスクとの違いはなにか？

【問題 4.23】 投資による官民連携の有料道路プロジェクトが途上国で計画されている。官民の役割分担はどうあるべきか？ プロジェクトリスクにはなにがあり，どのように回避すべきか？

4.5　プロジェクト評価システム

4.5.1　プロジェクト評価の位置付け

国際機関の支援による途上国の社会基盤プロジェクトでは，立上げから終結

後までプロジェクト評価を実施することによって，PDCA サイクルを回してい
る。**経済協力開発機構（OECD）の開発支援委員会（DAC）**が 1991 年に採択
した**開発支援における評価原則**（通称：**DAC 評価原則**）が，OECD 加盟先進
国の被援助国に対する開発支援の評価原則となっている。評価の目的は，①
支援内容の改善と，② **説明責任（アカウンタビリティー）**である[19]。

　DAC 評価原則に基づいて，日本や EU 諸国，米国などの先進国では，援助
機関がおのおの独自の評価システムを構築し，運営している。アジア諸国で
は，社会基盤整備を積極的に支援してきた国際金融機関として，アジ銀や世銀
がある。本節では，アジアの社会基盤整備に大きな影響を及ぼしている JICA
とアジ銀，世銀の三機関の事業評価システムを比較分析した。

　社会基盤整備は，多額の費用を使い，多大な価値をもたらすことが期待され
るために，事業の妥当性などを検証し，広く情報公開することが求められる。
援助機関は，支援する社会基盤プロジェクトを適切に評価する責務を有する。
三機関ともに，これまで膨大な数量のプロジェクトを実施し，その事業評価報
告書をウェブ上で公開している。一方で，どのような原則や手法で，それらの
評価がなされ，いかに活用されているかは市民も十分理解している状況にはな
いと考えられる。

4.5.2　DAC 評価原則

　DAC 評価原則は 1991 年の策定以降，改訂されてきた。最新版[20]では，事
業評価は，「プログラムや方針，実施中あるいは完了したプロジェクトの設計，
実施，成果に対する組織的で客観的な審査（アセスメント）」と定義している。
主目的は，「得られた教訓を将来の支援方針やプログラム，プロジェクトに
フィードバックし，市民への情報提供を含む説明責任を果たすこと」である。

　その原則は，① **公正さと独立性**，② **信頼性（品質）**，③ **有効性**であり，援
助機関とパートナー（被援助国・機関）との相互活動や援助機関同士の協力が
欠かせない。また，各援助機関は，評価の制度設計を構築し，それに基づいて
実行可能な評価計画を立て，評価を行う。評価結果報告書は公開し，将来の活

動のためにフィードバックをする。

主要評価項目は以下の5項目である。

① 妥当性（**relevance, legitimacy**）

② 有効性（**effectiveness**）

③ 効率性（**efficiency**）

④ 持続性（**sustainability**）

⑤ インパクト（**impact**）

4.5.3　援助機関の評価システム

日本では JICA が，**事業評価ガイドライン**を 2001 年度に発行後，改訂を続け，2010 年 6 月に新 JICA 事業評価ガイドライン（第 1 版），2014 年 5 月に第 2 版，2015 年 8 月には事業評価ハンドブック（第 1 版）を作成した。アジ銀や世銀は 1990 年代には評価ガイドラインをすでに作成しており，それ以前にも評価報告書を公開している。アジ銀は，2016 年 5 月に新ガイドラインを発効させている。世銀では，独立評価グループが，ガイドラインやマニュアルに相当する文書を作成している。

これらのガイドラインは，DAC 評価原則に従い，評価目的や原則のほか，評価項目や手法，報告書の構成，事例などを記載している。各援助機関の事後評価報告書の主目次を**表 4.16** に示す。

〔1〕**日本の政府開発援助（JICA）**

JICA の事業評価の目的は，① PDCA サイクルを通じたプロジェクトのさらなる改善，および ② 日本国民及び相手国を含むその他利害関係者への説明責任（アカウンタビリティ）の 2 点である。JICA のウェブサイトでは，評価システムの説明と過去の評価報告書が公開されている[21]。ハンドブックはプロジェクト評価体制や指標，評価ツール，評価プロセスを解説している。

JICA の援助スキームは技術協力・無償資金協力・有償資金協力の三つに分かれる。評価は，いずれのスキームでも事業費 2 億円以上の案件を対象とし，事前・実施中・事後の 3 段階で，DAC の評価 5 項目を評価分析する。事後評

表 4.16　各援助機関の事後評価報告書の主目次

項　目	JICA	アジ銀	世　銀
	要　旨	基本データ・要約・地図	
第1章	事業の概要	序　論	戦略的位置付け
第2章	調査の概要	設計と実施	プロジェクト概要
第3章	評価結果	実施結果の評価（審査）	実　施
第4章	結論および 提言・教訓	その他の評価（審査）	主要なリスクと緩和策
第5章	―	課題および教訓，追加行動	評価の要約
	参考資料	参考資料	参考資料

注：各援助機関の報告書目次はガイドラインと完全に一致しているわけではない。JICA（技術協力）と世銀は，最近の報告書の目次。アジ銀は，ガイドラインでのサンプルの目次を引用。

価では，外部評価者が各項目を3段階で評価し，その結果を基に4段階で総合評価をしている。実施部門（本部と在外事務所）が事前と事後の内部評価を実施し，評価部門が事後評価における外部評価を担当している。

　評価システムの客観性を図るため，外部有識者により構成される事業評価外部有識者委員会が定期的に開催されている。事前評価では，過去のプロジェクトの教訓が適切に反映されているか否かも確認している。

〔2〕**アジア開発銀行（アジ銀）**

　プロジェクト完了後，3年以上運用経過した案件数の25%を事後評価目標値としている。参考資料は，設計やコスト，経済財務分析の評価結果が含まれるので，かなりの分量となる[22]。JICAに比べて，以下の特徴的な規定がある。

- ・個別の審査項目はDAC評価でインパクトを除く4項目が対象で，各25点で100点満点とし，総合評価は4段階（① 非常に成功，② 成功，③ 部分的に成功，④ 不成功）。
- ・「その他の評価（審査）」で，組織へのインパクトや社会経済へのインパクト，環境影響を評価。経済財務の分析評価では，経済的内部収益率（EIRR）は12%以上であることが「非常に成功」と規定されている。
- ・報告書の内部審査の過程や職責も記載。例えば，「運営評価ミッションの

リーダーは，局長の承認を得るために，実施評価過程の初期段階でポジションペーパーを準備する」など。

〔3〕世界銀行（世銀）

JICA に比べて，以下の特徴的な規定がある。

・第1章で，当該国や分野の課題や世銀参加の妥当性，プロジェクトが貢献可能なより高い目標など，プロジェクトの戦略性を記載。

・第4章にリスク分析結果，参考資料に，詳細な分析結果を記載。世界銀行の事業評価におけるリスク分析例を**図4.14** に示す。リスク項目として，利害関係者・事業者・プロジェクト（設計，社会環境，調達の品質）を選定している。各リスク項目に対応するリスク期待値は，「小」・「中（確率大）」・「中（影響大）」・「大」に4分類される。「中（確率大）」は，発生確率・大で影響度・小，「中（影響大）」は，発生確率・小で影響度・大である。中間報告書でもリスク分析結果は記載され，進捗とともにリスク項目が細分化されることもある。

リスク項目		リスク期待値
利害関係者		小
事業者	×	中：発生確率大・影響度小
プロジェクト：設計・社会環境・調達の品質		中：発生確率小・影響度大
		大

図4.14　世界銀行の事業評価におけるリスク分析例

・要約は，最初でなく最終章（第5章）。

・DAC 主要評価項目別には未整理。

・アジ銀同様に，報告書作成のために，内部の手続きや職責も明記。例えば，「品質確保のレビューのために，内部の当該分野の局長やマネジャー，あるいは国別局長やチームリーダーなどにアドバイスをもらうことや国

別の弁護士へ相談すること」など。

・重要なプロジェクトでは，中間報告書が継続的に作成され，公開。インドネシアの揚水発電所の建設プロジェクトでは，半年に1回の頻度で公開[23]。

4.5.4 評価システムの特徴と課題

〔1〕特　　徴

以上三機関の評価システムで，その目的や評価原則，実施中・事後での評価実施は共通している。一方で，評価システムの中で三機関に差異が見られる5項目について，そのおもな差異を**表4.17**に示す。

表4.17　援助機関の評価システムの特徴

項　目	JICA	アジ銀	世　銀
DAC評価項目	5項目を評価	4項目（インパクト除く）を定量評価	項目別には未整理
評価報告書の仕様や体裁の規定	評価項目の詳細内容記載	報告書書式や頁数：本文　15〜20頁	本文と各参考資料との関連性明示
評価体制や過程（組織と人材）	組織と役割を規定	内部の評価や承認過程の細部規定	内部の評価や承認過程の細部規定
リスク分析の水準	事前から事後に至る分析過程	分析項目を記載	詳細な分析と継続的な公開
長期プロジェクト中間評価報告書	技術協力は中間と終了直前，有償は中間のみ	適切な中間時での実施を基本	頻繁な実施と公開

〔2〕評価向上の課題

これらの評価が単に評価を直接実施した者や組織だけの認識に終わらず，彼ら以外にも幅広く有効に活用されることが国際的な課題となっている。具体的な課題，5項目を以下に示す[21]。

（1）**公正さと透明性，独立性**　評価過程と報告書は，援助機関内外部の非評価者によって公正と認識されているか？

（2）**評価パートナーシップと能力開発**　品質や独立性，目的，有効性，**パートナーシップ**指向の観点から，当該援助機関や国家によって推進された評

価過程・成果がパートナーや受益者，現地 NGO にどのように認識されている
か？

（3）品　　質　　評価過程・結果の品質が援助機関の各組織においてど
のように認識されているか？

（4）普及やフィードバック，知識マネジメント，学習　　評価を「学習す
るためのツール」として援助機関のスタッフは考えているか？

（5）評価の活用　　非評価者（運営や政策部，現地事務所など）は，評価
の有効性や影響をどのように認識しているか？

4.5.5　評価システムの国際展開

〔1〕国際的な視点

評価システムは，PDCA サイクルを機能させて，知見を集約し，つねに見直
していくべき**活きたツール**である。アジ銀や世銀の評価システムには，JICA
にとって参考となる点がある。アジ銀や世銀は，評価報告書の評価・承認プロ
セスで組織内部の具体的な職責や手続きも規定している。世銀は，長期プロ
ジェクトのリスク分析結果を含む中間評価を 1 回に限定せず，継続的に実施
し，公開している。

世銀によるリスク分析結果の継続的な開示は，関係者にとって貴重な情報で
あり，事業反対者にとって批判や非難の根拠にはなるが，合意形成を推進する
契機にもなる。事業反対者は，事業者に比べて，社会環境や自然環境など全体
の中の一部の要素から論じることが多い。しかし，このような意見は，排除す
ると，かえって対立が先鋭化し，解決が困難になる可能性がある。

今後，事業推進側と反対側の両者の意見を取り上げ，それをウェブなどで情
報公開していくことも考えられる。事業に関する市民の関心も高まり，便益だ
けを強調する意見や部分的に偏った意見や行動が批判される機会を増やすこと
になる。

援助機関だけでなく，今後はパートナーの評価システムも必要になってく
る。パートナー自らが評価することで，評価結果はより公正となり，その品質

は向上し，援助側と被援助側がともに学習する環境が整備される。

〔2〕 **日本の方向性**

（1）**PDCA サイクルのための情報公開**　　JICA は，評価報告書だけでなく，事業報告書も情報公開に積極的である。日本の官公庁など政府機関や自治体にとって，JICA の情報公開の姿勢は参考になる。国際水準を意識して，さらに情報公開を進めることが期待される。

プロジェクトのさらなる改善には，PDCA サイクルの 3 番目のチェック（評価）が有効であり，情報共有や公開の制約によって，そのチェックを制限してはならない。しかしながら，「管理のし易さ」を重視し，「計画どおり」や「反対されないこと」を良しとする日本型組織の保守的な思考に捉われると，内外部の情報公開に消極的になり，組織内部の非評価者やパートナー，受益者，現地 NGO の理解を妨げることになる。

社会基盤整備では，計画開始から建設完了まで数年から数十年経過するため，計画と実施段階で情報やデータにギャップ（社会経済環境の変化による需要の変化や地質・水文の新情報など）が生じる。そのギャップを検証し，多様な意見を取り込んで，計画変更し，実行していくことが必要である。

JICA のプロジェクトは，技術者や専門家のチームによって実施されるため，彼らが被評価者となる。被評価者は，評価されるだけでなく，当該プロジェクト開始時には，JICA の事前評価報告書以外にも，過去の計画や設計などをチェックしなければならない。この点で被評価者も評価者となり，過去の情報公開が鍵となる。失敗事例は貴重な教訓となるので，できる限り情報公開が望まれる。失敗事例は，マスメディアや市民も批判でなく，教訓として認識することを期待したい。

（2）**日本型戦略の構築**　　成功事例は注目を浴びにくいが，市民やプロジェクトの利害関係者にとって，なぜ成功したかは貴重な教訓となる。ベストプラクティスの積極的な情報公開は，日本の貢献を国際社会に宣伝するのに役立つ。

アジア諸国は，欧米とは異なる価値観を持っており，契約や規則に縛ら

ず，それらを柔軟に捉える志向がある。日本の援助では，契約に捉われず，パートナー（被援助機関や受益者）に対して，彼らの水準に応じた懇切丁寧な指導や技術移転によって，感謝されることが多い。これは，DAC評価項目に含まれていないが，**パートナーの満足度**として評価されてもよいと考えられる。

　プロジェクト評価の公平性や説明責任，相互理解を深めるために，JICAによる支援プロジェクトに対するパートナーシップ指向の評価を推進すべきである。パートナーは，JICAや他の援助機関のプロジェクトに対して，独自で受益者や利害関係者の意見を調査し，プロジェクト評価することが望まれる。

　また，公平性や透明性の観点から，日本を含むすべての援助プロジェクトのグッドプラクティスは，被援助国内外に公表され，日本政府と被援助国の双方が実施・承認したプロジェクト評価報告書は，日本と被援助国の利害関係者に公開されることが望まれる。評価システムの国際標準化とは別に，どこで評価の差別化を図るかは，各援助機関や日本政府の検討すべき課題と考えられる。

【問題4.24】途上国の開発援助のためのプロジェクト評価はなぜ必要か？

【問題4.25】日本はアジアの途上国の社会基盤整備に多大な貢献をしてきたが，その活動は日本国民に十分理解されているか？　理解されていないとしたらそれはなぜか？

【問題4.26】日本はアジアの途上国の社会基盤整備のために多大な活動をしてきたが，その結果や効果は当該国の国民に十分理解されているか？　理解されていないとしたらそれはなぜか？

【問題4.27】途上国の開発援助で日本が諸外国と差別化を図るために，プロジェクト評価はどうするべきか？

5章 プロジェクトの経済・財務分析

　4章「建設プロジェクトの国際化」では，社会基盤整備への民間資本の活用や今後の建設企業の海外展開の可能性を述べた。そのためには，事業者や投資家は，経済・財務の視点からも事業が成立することを評価分析しなければならない。本章では，経済・財務のプロジェクト評価分析手法を解説する。理解を深めるために，演習問題を付けている。

5.1　経済・財務分析の基礎知識

5.1.1　経済分析と財務分析の違い

　経済分析は，広義では，金融や財政，労働等の分野におけるさまざまな経済問題に対して，統計的・計量経済学的手法を用いて分析することを意味する。本章で扱う「プロジェクトの経済分析」は，国家の立場で，対象プロジェクト（事業の）国家経済に与える効果を定量的に分析し，国民の経済福祉に与える影響を量るために行われる。後述の機会費用という考え方を用いて，対象事業の経済的妥当性を定量的に分析することともいえる。本章では，特に追加の説明をしない限り，プロジェクトの経済分析を，経済分析として扱う。

　一方で，経済分析に対して「プロジェクトの財務分析」も用いられる。これは，あるプロジェクトを対象として，事業者や投資家，融資者が，出資を判断したり，出資結果を評価するために，対象プロジェクトの収支や損益を計量分析することである。財務分析は，投資家（事業者も含む）の立場から本事業に必要な総支出とその結果得られる利益を試算し，議論するために実施する。

　事業が実施可能となるためには，少なくとも国民にとって経済上，効果があると同時に，投資家にとって財務上，持続可能でなければならない。経済分析と財務分析はともに**割引法（ディスカウントキャッシュフロー法，DCF法）**

を用い金銭価値で解析が行われるが，費用と便益の定義が異なる等，両分析は異なっている。

　事業には，従来の公共事業やODAのように，経済分析結果がまず重視されるものもあれば，PFIやIPPのように民間投資事業では，経済分析結果よりも財務分析結果が重視されるものもある。さらに極端な個人投資として，不動産や証券への投資は，投資家にとって財務結果（得られる利益）が問題である。ODAでも，無償よりも有償で財務分析結果はより重視される。今後，民間資金によって社会基盤整備を推進するとなると，投資家や融資者の関心は財務になる。融資する銀行もその点に注目する。

　国家や市場，国民の全体的な視点から経済を分析するマクロ経済学に対して，ミクロ経済学は個人や企業の経済活動に着目して経済を分析する。プロジェクトの経済分析や財務分析は，プロジェクトに着目して分析評価するため，基本的に，ミクロ経済学の理論や実務に基づいて実施される。ただし，経済分析が扱う費用では，名目でなく実質価格を採用したり，市場価格でなくそれを調整した**潜在価格（shadow price）**を使用している。潜在価格は，市場の独占および，政府の規制や独占といった市場価格の歪みを除いて，真の付加価値を評価したものである。

5.1.2　機　会　費　用

　国家として，限られた予算で対象となる社会基盤整備の開発可能性や優先度を判断するために経済分析する。そのためには，経済学上の概念として**機会費用（オポチュニティーコスト，opportunity cost）**を用いる。ある一つの選択をすることによって，その選択をしなければ得たであろう収入の機会を失うとき，その失われる収入の減少分を，選択に伴う費用と見なす。失われた収入減に相当する貨幣価値を機会費用と考える。また，代替案として選択可能なサービスや生産物，成果が複数あれば，そのうち，最大の収入あるいは利益をもたらす選択肢が対象となり，次式で表されるように，それが生み出す収入や

利益が機会費用となる。

機会費用＝最も有利な他の選択肢がもたらす収入（あるいは利益）

$$(5.1)$$

　例えば，ある企業の経営者が自己資金 100 万円で設備投資をして，毎年利益を得る計画を立てる。もしそれを銀行などの金融機関に預けたり，証券を買えば利子や配当を得ることができる。したがって，自己資金により設備投資をすると，金融で得られる利子や配当を失うことになる。機会費用は，金融への投資から生まれる利益，すなわち，「金融で得られる利子や配当（の最高額）」となる。

5.1.3 埋 没 費 用

　埋没費用（**sunk cost**）は機会費用と関係する。埋没費用とは，事業や活動に「すでに使ってしまった費用」である。事業や活動に使用した資金・労力であるために，今後の事業や活動の撤退・縮小・中止をしても戻ってこない投入資金または投入労力である。

　多くの人は，過去に支払ったお金に価値があると考える。すなわち，「これだけ過去にお金を使ったから，後には引けない」と思う。しかし，機会費用では，次の行動を判断するときに過去の支出は影響しないと考える。立ち上げた事業で失敗しても，それまでに投資したお金は戻ってこない。したがって，今後の事業展開を判断するためには，無関係と考える。すなわち，事業が失敗したと判断した段階で，過去に使ったお金は無関係として中断するかどうかの意思決定をする。事業を完成させるための残りの資金は，機会費用を考慮し，その事業を完成させるために使用すべきか，代替案に使用すべきかを判断するのである。

5.1.4 現 在 価 値

　現在価値（**present value，PV**）とは，発生時期が異なる貨幣価値を比較可

能にするために，将来の価値を一定の**割引率**（**discount rate**）を使って現時
点まで割り戻した価値である。

　貨幣には時間に依存した価値が発生する。元金の将来価値は，銀行に預ける
と利子や利息，投資事業では収益率で表される。将来の現金を現在価値に戻す
ときには，割引率を使用する。一般に年割引率が i であるとき，t 年後の P 円
の現在価値は，$P/(1+i)^t$ によって与えられる。割引率は利息を求めるときの
金利の逆数となる。社会的割引率といわれることもある。

　現在価値を求めるために DCF 法が用いられる。これは，貨幣の時間的価値
を考慮して，キャッシュフローを計算する手法である。長期の支出や投資に対
する収入や便益を求めるために用いる。DCF 法の分析で用いる便益や費用は，
基準年（プロジェクトの支出発生開始時期など）の価値に変換して，時間依存
の影響がないものとする。

　事業に関するすべてのキャッシュフローの現在価値を**正味現在価値**（**net
present value，NPV**）という。t 年度に入ってくるキャッシュフローと出てい
くキャッシュフローの差を P_t（t 年度の収支）とすると，事業開始（0 年度）か
ら終結（n 年度）までの合計の NPV は以下の数式で表される。

$$\text{NPV} = \sum_{t=0}^{n} \frac{P_t}{(1+i)^t} \qquad P_t：t\,年度の収支，i：割引率 \qquad (5.2)$$

5.1.5　費 用 と 便 益

　プロジェクトの費用（cost，略して C）と便益（benefit，略して B）を定量
的に算出し，その比または差を比較することによって，プロジェクトの経済性
を判断する手法がある。

　費用は，プロジェクトで発生する支出である。便益は，対象プロジェクトか
ら直接生み出されると想定する収入や利益の場合もあれば，具体的な代替案を
機会費用と考える場合もある。費用と便益は同時期に発生するわけではないの
で，それぞれ現在価値に換算される。現在価値の基準年は費用や便益の発生年

を考慮して，費用発生年や便益発生年などに設定される。

現在価値に戻す際の割引率は，プロジェクトの代替案が存在しないと仮定した場合の機会費用や**資金提供者**（**saver**）が期待する利息などから定められる。また，事業の有するリスクが大きいと，資金の貸し手や投資家はより高い割引率を要求することになる。日本の公共事業では，割引率 4 ％を使用することが多いが，アジ銀や世銀が途上国の事業で使用する割引率は 10 ～ 12 ％である。

以下の関係式が成立しないと，プロジェクトの経済性はないと評価される。

$$\frac{B}{C} > 1 \tag{5.3}$$

$$B - C > 0 \tag{5.4}$$

5.1.6 内部収益率

上記の支出と収入は，与えられた一定の割引率によって現在価値に変換される。この割引率は，前節で述べたように，さまざまな要因によって変わることになる。費用便益分析から，この割引率自体を算出することができる。費用と便益の現在価値が一致するような割引率を**内部収益率**（**internal rate of return，IRR**）という。

すなわち，事業開始（0 年度）から終結（n 年度）までの各年度の収支に対する内部収益率は以下の数式で表される。

$$0 = \sum_{t=0}^{n} \frac{P_t}{(1 + \text{IRR})^t} \tag{5.5}$$

IRR：内部収益率，P_t：t 年度の収支，i：割引率

分析方法によって，経済内部収益率や財務内部収益率ということもある。割引率は高いほうが，経済や財務の観点では有利であることを示す。途上国の社会基盤プロジェクトで国際金融機関から当該国政府が資金を借り入れる場合には，その内部収益率の値が，各国際金融機関の設定割引率よりも十分上回っていることが，融資の条件となる。費用や便益の現在価値は，投融資が事業価値に与える絶対値を表すのに対して，IRR は，事業規模を反映しないので，投融資の効率性を表す。

5.1.7 減 価 償 却 費

減価償却費とは，経時変化に伴う固定資産の価値減少分を，会計期間ごとに見積り，費用として計上するものである。社会基盤プロジェクトでは，初期に道路や橋，ダム，発電所などの資産を構築する。これらには**法定耐用年数**があり，その年数を経過すると資産価値がなくなると考える。したがって，毎年の資産価値の減少分は，もともとの資産に対して，定額あるいは定率で計算される。

経済分析では，資産への投資は，初期投入として扱う。一方，財務分析では，投資した現金は有形・無形の現金ではない資産に変わっただけで，当初の価値は変わらないとする。事業運営で，時間経過に伴って減損する資産が減価償却費となる。減価償却費は，実際に支出を伴わない費用である。事業者はもちろん，投資家や金融機関にとって，毎年の損益は事業可能性や持続性を判断するために，重要な財務指標となる。

事業者は，法人税[†1]を毎年支払う。会社や個人の売上に直接貢献した固定資産に係る減価償却費は，損益計算書の売上原価[†2]に含まれる。損益計算では以下のように利益を算出する。

$$売上高 - 売上原価 = 売上総利益 \tag{5.6}$$

$$売上総利益 - 販売費および一般管理費 = 営業利益 \tag{5.7}$$

$$営業利益 + 営業外収益 - 営業外費用 = 経常利益 \tag{5.8}$$

$$経常利益 + 特別利益 - 特別損失 = 税引前利益 \tag{5.9}$$

すなわち，税引前利益によって，支払うべき税金が決まるので，事業者は，対象プロジェクトの減価償却費を調整できれば，税金も調整できることになる。減価償却方法は定額や定率だけでなく，固定資産によっては加速原価償却が利用できる。

[†1] 個人事業主の場合には所得税を支払う。

[†2] 本社建物のように直接生産に関係しないものは販売費および一般管理費になる。

5.2　分　析　手　法

5.2.1　分　析　の　選　定

　経済分析と財務分析の定義や目的はすでに説明したとおりである。ODA あるいは民間投資による発電所建設事業では，経済分析と財務分析が実施される。その結果に基づいて，経済・財務の視点から開発妥当性が判断される。一方で，国内の道路や治水の公共事業については，経済分析としての費用便益分析が実施されている。これらの公共事業では，以下の費用と便益を評価している。

　・幹線道路整備[1]
　　　費用：① 道路整備に要する事業費，② 道路維持管理に要する費用
　　　便益：① 走行時間短縮，② 走行経費減少，③ 交通事故減少
　・治　水[2]
　　　費用：治水施設の整備および維持管理に要する費用
　　　便益：治水施設の整備によって防止し得る被害額

　国土交通省によると，道路事業の「費用便益分析は，道路事業の効率的かつ効果的な遂行のため，新規事業採択時評価，再評価，事後評価の各段階において，社会・経済的な側面から事業の妥当性を評価し，併せて，評価を通じて担当部局においてより効果的な事業執行を促すことを企図するもの」[3] である。

　すなわち，これらの便益は，直接現金で得られる収入ではない。したがって，財務分析は行われない。ただし，高速道路や上水事業などの公共事業では，民間開発・運営も考えられる。これらに民間投資を期待するならば，事業者は，事業運営によって利益を出して，それを投資家に還元しなければならないので，財務分析が必要になる。

　また，経済・財務分析は，事業評価と表現されることもある。事業評価は，本来，経済財務だけではなく，技術や環境の評価も含むが，経済や財務に限定して使用されることもある。

5.2.2 経 済 分 析

　事業可能性を評価するための経済分析は，対象事業に対して，ある年次を基準とし，事業を実施した場合（with）と実施しない場合（without）のそれぞれについて，評価対象期間の各年次の費用と便益を算定し，比較分析するものである。便益は，事業が生み出す生産物やサービスの貨幣価値のほかに，代替プロジェクトに支出される費用の低減額や，損失軽減，損害回避などの評価額を意味する。便益が費用を上回ることが事業実施の前提条件となる。

　経済分析で用いる費用は財務上の費用から計算されるが同一ではない。経済分析は国家経済の視点から費用の価値を測ろうとするものである。このため，財務上の費用に対して，調整あるいは削除を行って，政府介入の影響あるいは市場構造の特殊性を排除する必要がある。

　すなわち，経済分析では実質価格を用いるので，物価上昇の影響を排除する。一方，財務分析では名目価格を用いるので，これらの影響を受ける。また，経済分析では，財務分析で用いる市場価格ではなく，潜在価格を用いる。地価や人件費は，機会費用で用いられるとした場合の**限界生産価格**とする。これらの土地や労働が，代替事業（目的）に使用された場合に得られる国家の限界所得が，プロジェクトによって失われるという考え方に基づく。同様な考え方で，プロジェクトの実施に伴う輸入材の使用は**CIF 価格**で，輸出材の使用は**FOB 価格**で評価する[†]。

　費用と便益は，以下で計算することが可能である。初期費用には，用地費や補償費，建設費などが含まれる。

[†]　CIF は，cost, insurance and freight, named port of destination の略で，運賃・保険料込み・指定仕向港を意味する。品物を輸出する場合，相手の港や空港までの輸送費と買い手へ着荷するまでの保険費用までも輸出側（売り手）で責任を負う。FOB とは free on board の略で，本船上で売主の義務が免除される。輸出側（売り手）は，自分の国の港で，品物を船に積み込むまでの責任を負う。

便益 = 生産物やサービス，成果の貨幣価値

あるいは

　　　　= 対象事業と同じ便益を提供するために必要となる代替事業の費用

$$(5.10)$$

費用 = 対象事業に必要な費用（初期費用＋維持管理費＋その他[†]）

$$(5.11)$$

　例えば，発電事業では，便益は代替発電所の建設と発電に必要な機会費用の回避と捉えることができる。当該水力発電所が開発されなかった場合でも，伸び続ける需要を満たすためには代替発電所からの電力供給が必要となる。代替発電所の建設にかかる費用は**設備便益**（**capacity benefit**），代替発電所の発電にかかる費用は**エネルギー便益**（**energy benefit**）と定義される。設備便益は，代替発電所を開発し，かつ需要を満たすように発電できる状態に同代替発電所を維持するために必要な費用の回避である。エネルギー便益は，代替発電所が電力エネルギー（発生電力量）を供給する機会費用である。

　2種類の電力を比較することで経済分析は行われる。例えば，当該水力プロジェクトにより供給される電力と当該水力プロジェクト以外の発電所（代替発電所）から供給される可能性のある電力の比較である。前者の発電原価が経済的により廉価であれば水力開発の妥当性が確認できる。

5.2.3　財 務 分 析

　財務分析は投資の妥当性を判断することを最終目標としている。将来の推定キャッシュフローを現在価値で与える割引法を用いて計算する。資金調達における自己資金と借入金も設定する。各費用は市場価格を用い，税金や補助金，物価変動，為替も考慮する。

　割引法で算出された値が現在の投資費用よりも大きければ，投資に妥当性があることになる。割引法から二つの重要な財務指標を得ることができる。事業

[†]　例えば，政府の所有地を使う場合，土地代の支払はないが，その土地が生み出すであろう機会費用を各年の費用として計上することがある。

に投じたキャッシュフローと事業が生み出すキャッシュフローの差を見る正味現在価値（NPV），およびその NPV をゼロとするような割引率である内部収益率（IRR）である。NPV が事業採算の財務的現在価値を与えるのに対して，IRR はキャッシュアウトフローの総額とキャッシュインフローの総額の現在価値が同じになる割引率を表す。

　また，投資回収のためのキャッシュフローのほか，評価期間で，毎年の損益計算も行い，税引前利益を算定する。損益計算では，減価償却費も考慮する。会計ルールに従い，毎年の税金の支払いを推定する損益計算は，事業者や投資者，融資者にとって事業の採算性を評価するのに重要である。収入と支出は以下の式で表される。

$$収入（便益）= 売上 \tag{5.12}$$

$$支出（費用）= 初期投資 + 維持管理費 + 減価償却費 + その他 \tag{5.13}$$

　電力や上水，有料道路などの社会基盤整備を対象とすると，事業者は数年間の初期投資（支出）をした後に，消費者（使用者）の支払いを基に収入を得る。直接，消費者から収入を得る事業とサービスや所産の引取り手（オフテイカー）から収入を得る事業がある。オフテイカーは，当該国の政府機関や公共企業などである。

　初期投資に対する収入が得られる期間は，数年間から数十年間である。事業開始前に経済財務分析が実施され，その結果が事業可能性に大きな影響を与える。需要予測が収入予測に直接影響を与える点に注意すべきである。

5.2.4　費用便益分析

　費用便益分析は，経済分析あるいは財務分析のどちらにも適用できる手法として使用されている。事業で使われる費用便益分析が，経済分析か，あるいは財務分析かを事業関係者は正しく理解しないと，結果の評価を誤ることになるので，注意すべきである。

　国内では，公共事業の経済分析のために費用便益分析が用いられる。ミクロ

経済学の理論を用いる。国内の道路事業や治水事業では，先に述べたように，費用と便益は，定義されている。費用は，市場価格でなく，調整された価格で評価される。機会費用として，with と without という極端なケースが前提となっている。例えば，道路事業では，その他の交通手段，例えば鉄道や飛行機，船などの代替手段は考えていない。海外の途上国の ODA では機会費用としてさまざまな代替案が対象となる。

5.3　演　習　問　題

5.3.1　基　礎　知　識

<演習問題5.1>

最も安全な資金運用として，銀行に1 000万円を1年間預けて，年0.12 %の利子を得ることを最善の策と考えている。同額の1 000万円を投資するとしたら，その機会費用はいくらか？

<演習問題5.2>

下記の各事業では，1 000万円の投資で各利益が期待される。

事業A：利益250万円

事業B：利益200万円

事業C：利益150万円

事業A，B，Cのそれぞれの機会費用はいくらか？

<演習問題5.3>

数年前に1万円で買った骨董品が，ネットオークションでは2万円で落札されている。オークションの手数料として落札額の10 %を差し引かれる。埋没費用と1年前に買った骨董品を所有し続けることの機会費用を求めよ。

<演習問題5.4>

すでに，政府は，公共事業に500億円を支出した。しかし，事業がなかなかうまく進まない。ある時点で，中間評価をしたら，完成までにあと200億円必要なことがわかった。推進側は，「ここで事業をやめたら500億円は無駄になるので，中止すべきではない」と主張する。これは正しい判断か？

5.3.2 経 済 分 析

さまざまな演習問題を解くことで，費用と便益，および経済分析，財務分析を理解する。まず，経済分析の演習問題を考える。

＜演習問題 5.5＞

100万円を銀行に預けた。利子は年3％である。10年後の受け取り額はいくらか？

＜演習問題 5.6＞

10年後の200万円の現在価値が100万円とすると，割引率はいくつか？ 利子と割引率の関係はどのようになるか？

＜演習問題 5.7＞

10年間，毎年10万円の収入が期待できる。割引率が年3％とすると，初年度の支出はいくらまで許されるか？

＜演習問題 5.8＞

初年度に100万円支出する。割引率は年3％とすると，10年間，毎年いくらの収入が最低必要か？

＜演習問題 5.9＞

事業Aは，初年度に1 000万円支出し，その後10年間，毎年150万円の収入が見込める（**図5.1**）。その場合の内部収益率（割引率）を求めよ。

図5.1 事業Aの予想キャッシュフロー

<演習問題5.10>

初年度に1000万円の投資あるいは支出をして，翌年度から10年間，150万円の収入を得ると予想する事業Bがある。割引率を年4％として，この事業の費用便益を算出し，経済分析をしなさい。毎年の維持管理費や諸費用は無視する。

<演習問題5.11>

表5.1の条件で太陽光発電事業を行う計画がある。この条件に従って，建設費（万円）と維持管理費（万円/年），発生電力量（MWh/年），収入（万円/年）を求めた上で，経済分析をし，内部収益率（IRR）を計算しなさい。また，発電所内利用，および計画停止や計画外停止時間，送電ロスの違いは出力や発生電力量に影響を与えるが，本計算では考慮しないこととする。

表5.1 太陽光発電事業の経済分析入力条件

項　目	内　容	単　位
借入条件（入力）		
基準年度	2020	年
発電コスト算定根拠 （入力）		
出　力	2	MW
設備利用率	12	％
稼動年数	20	年
資本費諸元		
建設費単価	18.5	万円/kW
運転維持費諸元		
人件費	0	円/年
修繕費（建設費比率）	1.5	％
売電価格	24	円/kWh

<演習問題5.12>

表5.2の条件で風力発電事業に投資する計画がある。風力発電事業は，太陽光発電に比べ，同じ出力に対して建設費が高い。しかし，設備利用率は増加す

表5.2　風力発電事業の経済分析入力条件

項　目	内　容	単　位
借入条件（入力）		
基準年度	2020	年
発電コスト算定根拠　（入力）		
出　力	2	MW
設備利用率	20	％
稼動年数	20	年
資本費諸元		
建設費単価	30	万円／kW
運転維持費諸元		
人件費	0	円／年
修繕費（建設費比率）	1.5	％
売電価格	22	円／kWh

るため，年間発生電力量は多くなる。売電単価は，風力よりも太陽光のほうが2円/kWh高い。この条件に従って，建設費（万円）と維持管理費（万円/年），発生電力量（MWh/年），収入（万円/年）を求めた上で，内部収益率（IRR）を求めよ。経済分析の観点から太陽光と風力のどちらが有利か？また，発電所内利用および計画停止や計画外停止時間，送電ロスの違いは出力や発生電力量に影響を与えるが，本計算では考慮しないこととする。

5.3.3　財　務　分　析

投資事業の財務分析を演習問題によって考える。

<演習問題5.13>

表5.3の条件で太陽光発電に投資する計画がある。この条件に従って，投資事業の自己資本に対する内部収益率（IRR）を求めよ。毎年の物価変動は無視する。また，発電所内利用および計画停止や計画外停止時間，送電ロスの違いは出力や発生電力量に影響を与えるが，本計算では考慮しないこととする。

表5.3　太陽光発電事業の財務分析入力条件

項　目	内　容	単　位
借入条件（入力）		
基準年度	2020	年
自己資金比率	30	％
割引率（金利）	3.00	％
支払い方法	元金均等払い	年
返済期間	15	年
発電コスト算定根拠　（入力）		
出　力	2	MW
設備利用率	12	％
稼動年数	20	年
資本費諸元		
建設費単価	18.5	万円 /kW
運転維持費諸元		
人件費	0	円 / 年
修繕費（建設費比率）	1.5	％
固定条件計算		
法定耐用年数	17	年
減価償却	定額法	
売電価格	24	円 /kWh
実効税率	50	％

＜演習問題 5.14＞

演習問題5.13で借入がないとした場合，すなわち，すべて自己資本で費用負担した場合の財務 IRR（プロジェクト IRR）を求めよ。演習問題5.13と5.14 の財務分析結果を比較し，考察せよ。

＜演習問題 5.15＞

演習問題5.13で建設費が 20 ％増加したとき，または売電価格が 20％低下したときの自己資本に対する IRR を求めよ。

＜演習問題 5.16＞

表5.4の条件で風力発電に投資する計画がある。この条件に従って，投資事業の自己資本に対する財務 IRR を求め，太陽光発電事業の結果と比較し，考

表5.4 風力発電事業の財務分析入力条件

項　目	内　容	単　位
借入条件（入力）		
基準年度	2020	年
自己資金比率	30	％
割引率（金利）	3.00	％
支払い方法	元金均等払い	
返済期間	15	年
発電コスト算定根拠　（入力）		
出　力	2	MW
設備利用率	20	％
稼動年数	20	年
資本費諸元		
建設費単価	30	万円／kW
運転維持費諸元		
人件費	0	円／年
修繕費（建設費比率）	1.5	％
固定条件計算		
法定耐用年数	17	年
減価償却	定額法	
売電価格	22	円／kWh
実効税率	50	％

察せよ。なお，毎年の物価変動は無視する。また，発電所内利用および計画停止や計画外停止時間，送電ロスの違いは出力や発生電力量に影響を与えるが，本計算では考慮しないこととする。

5.4　社会基盤プロジェクトへの投資

さまざまな事例によって，費用と便益に基づく経済分析と財務分析を試みた。費用便益は確定的に計算できるものではない。さまざまなリスクを考慮して入力条件が変わると，分析結果が変わる。事前にリスク分析を行い，投資家は最悪の事態も想定しなければならない。3.6節や4.1.3〜4.1.5項では建設プロジェクトのリスクマネジメントを解説した。経済・財務分析では，リスク

分析結果に基づいて，**感度分析**も行うべきである。太陽光発電投資ならば，建設費や維持費の増加，借入金利の変動，売電価格の下落，出力変動，税金の変動などがリスクと考えられる。これらの確率や期待値を推定し，経済・財務分析での入力値を変化させることによって感度分析を行う。その入力値の変化が，正味現在価値や内部収益率にどのように影響を及ぼすかを試算し，分析するのである。

国家にとっては，経済性のない事業に融資・出資はできない。今後の国内の公共事業は，国家財政が厳しい中，民間投資が必要となる。また，海外でもODAの予算を増やすには限界がある。ODAによる社会基盤プロジェクトにも民間投資が必要になってくる。今後も，日本政府はさまざまな国家プロジェクトを推進しなければならない。例えば，政府目標では，2030年時点の電力エネルギーミックスでの再生可能エネルギー利用割合は22〜24％である。水力を加えても現在の15％を目標値まで引き上げるのは大変である。そのためには，民間投資による事業を増やしていかなければならない。

融資者や投資家の中には，国家に貢献できる事業への投資は，単に利益を追求するよりも望ましいと考える人はいるかもしれない。しかし，大多数は，プロジェクトの経済性よりも投資による利益を重視する。そのためには，資金調達と事業収支，そして事業リスクを考慮した財務分析により，投資効果を判断しなければならない。政府としても，民間投資促進のために，優遇税制や低利のローン制度などの適用は考慮していかなければならない。さらに，国内外の事業で，商業銀行が新たな金融商品を作り，投資家を募ったり，SPCが株や社債を発行して投資家を集める仕組みを作ることも期待される。

事業者や投資家にとって，事業が生み出す利益が重要である。本章では，演習問題によって，企業会計を考慮した財務分析事例も示した。税引後利益は，税制や企業会計によって変わる。対象事業の減価償却期間を変えることによって，毎期の利益額を調整し，安定させることができる。社会基盤プロジェクトでも，民間事業者が会計ルールを活用した事業戦略によって利益を十分生み出すことができれば，民間投資の機会を増やすことになる。

【問題 5.1】 人間はどれが一番良い選択なのかをいつも考えながら生活をしている。機会費用の概念が，身の回りにどのように使われているか？

【問題 5.2】 あなたが，社会基盤プロジェクトに投資するとしたら，どのような分析を行う必要があると考えるか？

【問題 5.3】 経済分析と財務分析はなにが違うか？

【問題 5.4】 経済分析や財務分析における感度分析とはなにか？

【問題 5.5】 発電事業の財務分析では，どのようなパラメーターを感度分析に用いるか？

【問題 5.6】 太陽光発電あるいは風力発電の投資家の立場で，買取制度や補助金，税金，環境影響評価などでどのような優遇措置に期待するか？

【問題 5.7】 政府が太陽光発電あるいは風力発電をさらに開発していくためには，どのような経済政策が有効か？

【問題 5.8】 日本が再生可能エネルギー開発を進めるには，どのような総合政策を取るべきか？

引用・参考文献

(以下 URL は 2018 年 7 月現在)

【1 章】
1) Project Management Institute：プロジェクトマネジメント知識体系ガイド（PMBOK® ガイド）第 6 版 日本語版, Project Management Institute, Inc.（2017）
2) David I.Cleland, Lewis R. IRELAND：Project Management：Strategic Design and Implementation, Fifth Edition, p.53 McGRAW-HILL（2007）
3) P.F. ドラッカー 著, ジョゼフ・A. マチャレロ 編, 上田惇生 訳：ドラッカー 365 の金言, ダイヤモンド社（2005）
4) P.F. ドラッカー 著, 上田惇生 編訳：マネジメント（エッセンシャル版）基本と原則, ダイヤモンド社（2001）
5) サニー・ベーカー, キム・ベーカー, G. マイケル・キャンベル 著, 中嶋秀隆, 香月秀文 訳：世界一わかりやすいプロジェクト・マネジメント, 総合法令出版（2005）
6) 梅沢忠夫, 金田一春彦ほか 監修：日本語大辞典, 講談社（1992）
7) 杉田 敏：実践ビジネス英語, NHK, 2016 年 6 月 24 日

【2 章】
1) G.H. ホフステード, G.J. ホフステード, M. ミンコフ 著, 岩井八郎, 岩井紀子 訳：多文化世界―違いを学び未来への道を探る, 有斐閣（2013）
2) 白木三秀：(特集 労働研究のターニング・ポイントとなった本・論文), 人事管理・労使関係・経営, 日本労働研究雑誌, No. 669, pp.68-71（2016）〔文献 1〕を紹介〕
3) GREED HOFSTEDE, Dimension Data Matrix, http://geerthofstede.com/research-and-vsm/dimension-data-matrix/　で公開されているデータ version 2015/12/08
4) 社会実情データ図録▽管理職女性比率の国際比較
http://www2.ttcn.ne.jp/honkawa/3140.html
5) P.F. ドラッカー 著, ジョゼフ・A. マチャレロ 編, 上田惇生 訳：ドラッカー 365 の金言, ダイヤモンド社（2005）
6) 法務省ホームページ：主な人権課題　http://www.moj.go.jp/JINKEN/kadai.html
7) 堀田昌英, 小澤一雅 編：社会基盤マネジメント, pp.214-215, pp.219-220, 技報堂出版（2015）

【3 章】
1) Project Management Institute：プロジェクトマネジメント知識体系ガイド（PMBOK® ガイド）第 6 版 日本語版, Project Management Institute, Inc.（2017）

2）小林康昭 編著，岡本俊彦，齋藤 隆，杉原克郎，内藤禎二，二ノ宮 正 著：建設プ
ロジェクトマネジメント，p.147，朝倉書店（2016）
3）五艘隆志，濱田成一，日浦裕志，草柳俊二：我が国の公共工事における品質管理
システムの問題点と改善策策定に関する研究，建設マネジメント研究論文集，
Vol.15，p.197（2008）
4）国土交通省：平成29年度土木工事積算基準マニュアル（2017）
5）市野道明，田中豊明：建設マネジメント：総合技術監理へのアプローチ，p.119，
鹿島出版会（2009）
6）高橋 博，館 眞人：ダム工事のリスク分担について，建設マネジメント研究論文
集 Vol.9，p.21（2002）
7）Kim Heldman 著，トップスタジオ 訳，タリアセンコンサルティング 監修：
Project Management Professional：プロジェクトマネジメントプロフェッショナル
認定試験学習書 第5版，pp.418-421，翔泳社（2014）
8）P.F. ドラッカー 著，ジョゼフ・A. マチャレロ 編，上田惇生 訳：ドラッカー 365
の金言，p.113，ダイヤモンド社（2005）

【4章】
1）国土交通省：建設工事施工統計調査報告（平成27年度実績）における調査結果表
（毎年の完工売上高データをグラフ化）
2）一般財団法人　海外建設協会：海外受注実績の動向〔会員50社を対象にした海外
建設工事（1件1 000万円以上）の受注調査結果〕
https://www.ocaji.or.jp/overseas_contract/#anchor2
〔国土交通省の平成29年建設業活動実態調査の結果は，調査対象が異なるために，
海外建設協会の結果とは異なる。〕
3）国土交通省：平成29年建設業活動実態調査の結果　平成30年4月27日，pp.9-
10（2018）〔大手建設会社53社（総合建設業33社，設備工事業20社）対象に平
成29年10月調査。そのうち47社が海外事業展開中。〕
4）国土交通省：平成20年建設業活動実態調査の結果　平成21年3月25日，p.8
（2009）〔大手建設会社55社対象〕
5）国土交通省：地方・中小建設会社のための海外進出ガイダンス　平成22年3月
（2010）
6）海外建設協会：海外建設プロジェクトのリスク管理　2015年4月（2015）
7）神澤正典：インフラファイナンスとアジアインフラ投資銀行，阪南論集 社会科学
編，Vol.51，No.3，pp.193-194（2016）
8）一般財団法人 日本ダム協会 施工技術研究会 第三部会 編：海外のダム・水力開発
事業への参入に向けて，p.17-18（2014）
9）公益社団法人 日本コンサルティング・エンジニア協会：FIDIC 契約約款セミナー
資料（2013）

10) 独立行政法人 国際協力機構：環境社会配慮ガイドライン 2010 年 4 月（2010）
11) ステファン F. リントナー：インフラ支援をめぐる世界銀行の動向，国際開発ジャーナル，2008 年 12 月号，pp.56-57（2008）
12) World Bank：Safeguard Policies-Draft Matrices 2008.2
13) 山岡 暁：国際協力による揚水発電所事業化評価の信頼性向上に関する研究，博士論文，p.111（2012）
14) 日本 PFI・PPP 協会 WEB サイト　http://www.pfikyokai.or.jp/about/index.html
15) 井上義明：実践プロジェクトファイナンス，日経 BP 社（2011）
16) EUROPEAN COMMISSION：GUIDELINES FOR SUCCESSFUL PUBLIC-PRIVATEPARTNERSHIPS, p.51, 2003.3
17) 橋本徳昭，山本純也，山林佳弘：Q.80-R.4 フィリピン国サンロケ多目的プロジェクトの概要と資金調達（ICOLD 第 21 回大会提出課題論文（その 1）），大ダム，No.184, pp.47-48（2003）
18) JICA：フーミー火力発電所建設事業（1）〜（4）事業評価報告書，p.5（2008）
19) OECD：DAC Principles for Evaluation of Development Assistance, pp.4-11（1991）
20) OECD：DAC Evaluating Development Co-operation, Second Edition（2010）
21) JICA：JICA の評価制度とは　http://www.jica.go.jp/activities/evaluation/about.html
22) Guidelines for Preparing Performance Evaluation Reports for Public Sector Operations, ADB（2006）
23) Indonesia-Upper Cisokan Pumped Storage Hydro-Electrical Power（1040 MW）Project：P112158-Implementation Status and Results Report, The world bank（2018）

【5 章】
1) 交通工学研究会：道路投資の費用便益分析，p.7，丸善（2008）
2) 国土交通省 河川局：治水経済調査マニュアル（案）平成 17 年 4 月，pp.10-11（2005）
3) 国土交通省 道路局：費用便益分析マニュアル 平成 20 年，p.1（2008）

演習問題解答

<5.1>

1 000 万円による機会費用は「1 年後の 1 万 2 千円の利益」である。

<5.2>

1 000 万円に対する事業 A の機会費用は「200 万円の利益」，事業 B と事業 C の機会費用はいずれも「250 万円の利益」である。

<5.3>

埋没費用は，「1 万円」。機会費用は「18 000 円」。過去にいくら払ったか？ ということは機会費用にはまったく影響を及ぼさないと考える。所有している古銭をオークションに出せば，20 000 円の 90 ％，すなわち 18 000 円手に入るのに，あえて所有していることの機会費用は「いま売れば得られるはずの 18 000 円」といえる。

<5.4>

500 億円は，埋没費用としてすでに支出している。完成までに必要な 200 億円は，当該事業に使うべきか，ほかにさらに効果的な事業に使用すべきかを検討すべきである。積算額 200 億円は，機会費用として当該事業が代替案よりも最適であることを証明しなければならない。

<5.5>

10 年後の受け取り額は，134.4 万円である。

複利計算により，現在価値 100 万円から 10 年後の将来価値を求める。複利計算とは，元金によって生じた利子を次期の元金に組み入れるため，元金だけでなく利子にも次期の利子がついていく計算となる。複利計算には，元金，および利子，期間（年数）が必要となる。

複利法の計算は，以下の式で表される。

$$B = A(1+i)^n$$

ただし，A は元金，i は利子，n は年数，B は n 年経過時の金額。

<5.6>

割引率は，7.2 ％となる。

本事例では，将来の貨幣価値を現在価値に変換する。複利計算の利子の逆数が，現在価値計算の割引率となる。

$$A = \frac{B}{(1+i)^n}$$

ただし，A は現在価値，i は割引率，n は年数，B は n 年経過時の金額。

<5.7>

　初年度の支出は 85.3 万円未満でないと，収入が支出を下回る。基準年の支出に対して，ある期間で均等な額を毎年収入として得て，それを返済して収支を一致させる事例である。収入と利子が与えられているので，均等額原価係数を使うと，基準年に許容できる支出が計算できる。

　均等額原価係数 $F_u(n)$ は，n か年間にわたる毎年均等な価値 R を 0 年目の価値 P に換算するための係数であり，次式で表される。

$$P = F_u(n)R = \frac{(1+i)^n - 1}{i(1+i)^n}R \qquad i：利子率$$

<5.8>

　毎年 11.7 万年の収入がないと，初期投資（支出）を回収できない。基準年の支出に対して，ある期間で均等な額を毎年収入として得て，それを返済して収支を一致させる事例である。支出と利子が与えられているので，資本回収係数を使うと，毎年必要な収入が計算できる。

　資本回収係数 $F_c(n)$ は，基準年（0 年目）の支出（資本）P を n か年間にわたる毎年均等な価値 R に換算するための係数であり，次式で表される。

$$R = F_c(n)P = \frac{i(1+i)^n}{(1+i)^n - 1}P$$

資本回収係数は，均等額原価係数 $F(n)$ の逆数である。資本回収係数によって，資本 P の収益率が資本の機会費用に等しくなるように毎年同額の収入 R を計算する。

<5.9>

　事業 A のプロジェクト内部収益率（割引率）は，毎年 8.1 ％である。基準年を 0 年とし，キャッシュフロー計算から，内部収益率（IRR）が求められる。**解表 5.1** はマイクロソフト社の Excel の計算シートを用いて，財務関数 IRR（計算範囲，内部収益率の推定値）で内部収益率を求めた。財務関数を用いずに，収支の現在価値が一致するように，内部収益率をトライアンドエラーで変動させて求めることもできる。この程度の計算ならば，電卓で収入の現在価値を求められるが，さらに複雑になると，Excel などの表計算ソフトを使用するのが便利である。

<5.10>

　キャッシュフロー分析によると，費用は 1 000 万円で，便益は 1 217 万円である。B／C は 1.217，B－C＝217 万円となる。

　便益は，2 年目以降の収入，費用は，初年度の支出とみなすことができる。割引率によって，将来の収入は，現在の貨幣価値より低くなる。この場合には，2 年目の現在換算貨幣価値は 1／(1 ＋ 0.04)＝96.2 ％となり，144 万円となる。3 年目は 1／(1 ＋ 0.04)^2＝92.5 ％となり，139 万円となる（**解表 5.2**）。

解表5.1　キャッシュフロー計算結果（事業 A）

（単位：万円）

年　数	収　支	現在価値
0	− 1 000	− 1 000
1	150	139
2	150	128
3	150	119
4	150	110
5	150	101
6	150	94
7	150	87
8	150	80
9	150	74
10	150	69

注：収支で，収入はプラス，支出はマ
　　イナス
内部収益率（IRR）：8.1%

解表5.2　キャッシュフロー計算結果（事業 B）

割引率：4.00 %　　　　　　　　　　　　（単位：万円）

年　数	費用（C）		便益（B）	
	支　出	現在価値	収　入	現在価値
0	− 1 000	− 1 000	0	0
1	0	0	150	144
2	0	0	150	139
3	0	0	150	133
4	0	0	150	128
5	0	0	150	123
6	0	0	150	119
7	0	0	150	114
8	0	0	150	110
9	0	0	150	105
10	0	0	150	101
合　計	− 1 000	− 1 000	1 500	1 217

費用便益比較
　　B = 1 217　　B/C = 1 217 > 1
　　C = 1 000　　B − C = 　217 > 0

<**5.11**>

太陽光 2 MW 開発の建設費は出力と建設単価を乗ずることで，3 億 7 千万円と見積る。維持管理費は建設費の 1.5 ％で 555 万円/年と試算される。

毎年の売電による収入は，以下の式で得られる。

$$毎年の発電量〔kWh〕= 出力〔MW〕×設備利用率〔％〕×365 日×24 時間$$
$$= 2〔MW〕×12〔％〕×365 日×24 時間$$
$$= 2.102\,4×10^6〔kWh〕$$
$$毎年の収入〔円〕= 売電単価〔円/kWh〕×毎年の発電量〔kWh〕$$
$$= 24〔円/kWh〕×2.102\,4×10^6〔kWh〕$$
$$= 5\,046〔万円〕$$

経済分析の収支計算から，**解表 5.3** に示すように内部収益率（IRR）は 5.1 ％となった。

解表 5.3　太陽光発電事業の経済分析結果

（単位：万円）

年　度	年　数	支　出		収　入
		建設費	維持管理費	
2020	0	− 37 000		
2021	1		− 555	5 046
2022	2		− 555	5 046
2023	3		− 555	5 046
2024	4		− 555	5 046
2025	5		− 555	5 046
2026			− 555	5 046
2039	19		− 555	5 046
2040	20		− 555	5 046
合　計		− 37 000	− 11 100	100 915
現在価値合計		− 37 000	− 10 565	96 048

内部収益率（IRR）：5.1 ％

<**5.12**>

風力発電 2 MW 開発の建設費は出力と建設単価を乗ずることで，6 億円と見積る。維持管理費は建設費の 1.5 ％で 900 万円/年と試算される。毎年の売電による収入は，太陽光発電と同じ式で得られ，7 709 万円となる。

経済分析の収支計算から，**解表 5.4** に示すように IRR は 4.6 ％となった。太陽光発電の IRR は 5.1 ％なので，太陽光発電のほうが経済的に有利な結果となった。

解表5.4　風力発電事業の経済分析結果

（単位：万円）

年 度	年 数	支　出		収 入
		建設費	維持管理費	
2020	0	− 60 000		
2021	1		− 900	7 709
2022	2		900	7 709
2023	3		− 900	7 709
2024	4		− 900	7 709
2025	5		− 900	7 709
			− 900	7 709
2039	19		− 900	7 709
2040	20		− 900	7 709
合　計		− 60 000	− 18 000	154 176

内部収益率（IRR）：4.6 %

<5.13>

財務分析の損益計算結果を**解表5.5**に示す。財務分析では，投資事業の毎年の損益を算出するキャッシュフローを作成する。資金および費用も正の数値として表している。建設は単年度で完了し，建設費は3億7千万円である。自己資本IRRは11.9 %となった。自己資金と借入により，建設資金を調達する。費用では，借入金の利子と減価償却費，維持管理費を計上する。収入は，売電によって得られる。税引き後利益に減価償却費を足し戻し，建設投資の元本返済後，現金として手元に残る純便益が得られる。

<5.14>

財務分析の損益計算結果を**解表5.6**に示す。すべてが自己資本でのIRRは，プロジェクトIRRという。プロジェクトIRRは6.1 %となった。これは，演習問題5.13の自己資本IRR11.9 %に比べて小さな値となった。借入金利がプロジェクトIRRよりも低いために，借入によって自己資本IRRがプロジェクトIRRよりも高くなった。この効果を金融用語では，「レバレッジ（てこ）を掛ける」という。

（単位：万円）

解表 5.5 太陽光発電事業の損益計算書

年度	年数	所要資金 自己資本(30%)	所要資金 借入(70%)	所要資金 総額	収入	費用 減価償却費	費用 維持管理費	費用 借入金利	費用 計	税引前利益	税金	税引後利益	借入金元本返済	純便益
2020	0	11 100	25 900	37 000	0	0	0	0	0	0	0	0	0	0
2021	1	0	0	0	5 046	2 176	555	777	3 508	1 537	769	769	1 727	1 218
2022	2	0	0	0	5 046	2 176	555	725	3 457	1 589	795	795	1 727	1 244
2023	3	0	0	0	5 046	2 176	555	673	3 405	1 641	820	820	1 727	1 270
2024	4	0	0	0	5 046	2 176	555	622	3 353	1 693	846	846	1 727	1 296
2025	5	0	0	0	5 046	2 176	555	570	3 301	1 744	872	872	1 727	1 322
2026	6	0	0	0	5 046	2 176	555	518	3 249	1 796	898	898	1 727	1 348
2027	7	0	0	0	5 046	2 176	555	466	3 198	1 848	924	924	1 727	1 374
2028	8	0	0	0	5 046	2 176	555	414	3 146	1 900	950	950	1 727	1 400
2029	9	0	0	0	5 046	2 176	555	363	3 094	1 952	976	976	1 727	1 426
2030	10	0	0	0	5 046	2 176	555	311	3 042	2 003	1 002	1 002	1 727	1 452
2031	11	0	0	0	5 046	2 176	555	259	2 990	2 055	1 028	1 028	1 727	1 477
2032	12	0	0	0	5 046	2 176	555	207	2 939	2 107	1 054	1 054	1 727	1 503
2033	13	0	0	0	5 046	2 176	555	155	2 887	2 159	1 079	1 079	1 727	1 529
2034	14	0	0	0	5 046	2 176	555	104	2 835	2 211	1 105	1 105	1 727	1 555
2035	15	0	0	0	5 046	2 176	555	52	2 783	2 262	1 131	1 131	1 727	1 581
2036	16	0	0	0	5 046	2 176	555	0	2 731	2 314	1 157	1 157	0	3 334
2037	17	0	0	0	5 046	2 176	555	0	2 731	2 314	1 157	1 157	0	3 334
2038	18	0	0	0	5 046	0	555	0	555	4 491	2 245	2 245	0	2 245
2039	19	0	0	0	5 046	0	555	0	555	4 491	2 245	2 245	0	2 245
2040	20	0	0	0	5 046	0	555	0	555	4 491	2 245	2 245	0	2 245
合計		11 100	25 900	37 000	100 915	37 000	11 100	6 216	54 316	46 599	23 300	23 300	25 900	34 400

自己資本内部収益率（IRR）：11.9%

解表 5.6 太陽光発電事業の損益計算書（すべて自己資金の場合）

（単位：万円）

年度	年数	所要資金			収入	費用				税引前利益	税金	税引後利益	純便益
		自己資本(100%)	借入	総額		減価償却費	維持管理費	借入金利	計				
2020	0	37 000	0	37 000	0	0	0	0	0	0	0	0	0
2021	1	0	0	0	5 046	2 176	555	0	2 731	2 314	1 157	1 157	3 334
2022	2	0	0	0	5 046	2 176	555	0	2 731	2 314	1 157	1 157	3 334
2023	3	0	0	0	5 046	2 176	555	0	2 731	2 314	1 157	1 157	3 334
2024	4	0	0	0	5 046	2 176	555	0	2 731	2 314	1 157	1 157	3 334
2025	5	0	0	0	5 046	2 176	555	0	2 731	2 314	1 157	1 157	3 334
2026	6	0	0	0	5 046	2 176	555	0	2 731	2 314	1 157	1 157	3 334
2027	7	0	0	0	5 046	2 176	555	0	2 731	2 314	1 157	1 157	3 334
2028	8	0	0	0	5 046	2 176	555	0	2 731	2 314	1 157	1 157	3 334
2029	9	0	0	0	5 046	2 176	555	0	2 731	2 314	1 157	1 157	3 334
2030	10	0	0	0	5 046	2 176	555	0	2 731	2 314	1 157	1 157	3 334
2031	11	0	0	0	5 046	2 176	555	0	2 731	2 314	1 157	1 157	3 334
2032	12	0	0	0	5 046	2 176	555	0	2 731	2 314	1 157	1 157	3 334
2033	13	0	0	0	5 046	2 176	555	0	2 731	2 314	1 157	1 157	3 334
2034	14	0	0	0	5 046	2 176	555	0	2 731	2 314	1 157	1 157	3 334
2035	15	0	0	0	5 046	2 176	555	0	2 731	2 314	1 157	1 157	3 334
2036	16	0	0	0	5 046	2 176	555	0	2 731	2 314	1 157	1 157	3 334
2037	17	0	0	0	5 046	2 176	555	0	2 731	2 314	1 157	1 157	3 334
2038	18	0	0	0	5 046	0	555	0	555	4 491	2 245	2 245	2 245
2039	19	0	0	0	5 046	0	555	0	555	4 491	2 245	2 245	2 245
2040	20	0	0	0	5 046	0	555	0	555	4 491	2 245	2 245	2 245
合計	合計	37 000	0	37 000	100 915	37 000	11 100	0	48 100	52 815	26 408	26 408	63 408

プロジェクト内部収益率（IRR）：6.1%

＜5.15＞

　基本ケースに対して，建設費（初期費用）や売電価格が財務 IRR に及ぼす影響を計算する。計算フローは省略し，結果のみを**解表 5.7** に示す。

　建設費が増加する場合は，毎年の実収入は変わらないが，キャッシュアウトフローが増加し，キャッシュインフローが減少する。その結果，正味現在価値が減少する。一方，買電価格が下がる場合は，費用は変化しないが収入が減少するので，キャッシュインフローが減少し，正味現在価値が減少する。このように正味現在価値が変化することで，内部収益率が変わる。このような感度分析を行い，リスクの費用便益への影響を調べる。

解表 5.7　感度分析結果の比較

条　件	建設費〔億円〕	毎年の収入〔100 万円〕	自己資本 IRR〔％〕
基　本	3.70	50.46	11.9
建設費 20 ％増加	4.44	50.46	7.9
売電価格 20 ％低下	3.70	40.37	7.1

＜5.16＞

　財務分析では，投資事業の毎年の損益を算出するキャッシュフローを作成する。**解表 5.8** に損益計算結果を示す。建設は単年度で建設費は 6 億円である。風力事業の自己資本 IRR は 10.5 ％となった。太陽光の自己資本内部 IRR は 11.9 ％であり，事業者（投資家）にとっては風力よりも投資による便益が大きい。

解表 5.8　風力発電事業の損益計算書

（単位：万円）

年度	年数	自己資本(30%)	借入(70%)	総額	収入	減価償却費	維持管理費	借入金利	計	税引前利益	税金	税引後利益	借入金元本返済	純便益
2020	0	18 000	42 000	60 000	0	0	0	0	0	0	0	0	0	0
2021	1	0	0	0	7 709	3 529	900	1 260	5 689	2 019	1 010	1 010	2 800	1 739
2022	2	0	0	0	7 709	3 529	900	1 176	5 605	2 103	1 052	1 052	2 800	1 781
2023	3	0	0	0	7 709	3 529	900	1 092	5 521	2 187	1 094	1 094	2 800	1 823
2024	4	0	0	0	7 709	3 529	900	1 008	5 437	2 271	1 136	1 136	2 800	1 865
2025	5	0	0	0	7 709	3 529	900	924	5 353	2 355	1 178	1 178	2 800	1 907
2026	6	0	0	0	7 709	3 529	900	840	5 269	2 439	1 220	1 220	2 800	1 949
2027	7	0	0	0	7 709	3 529	900	756	5 185	2 523	1 262	1 262	2 800	1 991
2028	8	0	0	0	7 709	3 529	900	672	5 101	2 607	1 304	1 304	2 800	2 033
2029	9	0	0	0	7 709	3 529	900	588	5 017	2 691	1 346	1 346	2 800	2 075
2030	10	0	0	0	7 709	3 529	900	504	4 933	2 775	1 388	1 388	2 800	2 117
2031	11	0	0	0	7 709	3 529	900	420	4 849	2 859	1 430	1 430	2 800	2 159
2032	12	0	0	0	7 709	3 529	900	336	4 765	2 943	1 472	1 472	2 800	2 201
2033	13	0	0	0	7 709	3 529	900	252	4 681	3 027	1 514	1 514	2 800	2 243
2034	14	0	0	0	7 709	3 529	900	168	4 597	3 111	1 556	1 556	2 800	2 285
2035	15	0	0	0	7 709	3 529	900	84	4 513	3 195	1 598	1 598	2 800	2 327
2036	16	0	0	0	7 709	3 529	900	0	4 429	3 279	1 640	1 640	0	5 169
2037	17	0	0	0	7 709	3 529	900	0	4 429	3 279	1 640	1 640	0	5 169
2038	18	0	0	0	7 709	0	900	0	900	6 809	3 404	3 404	0	3 404
2039	19	0	0	0	7 709	0	900	0	900	6 809	3 404	3 404	0	3 404
2040	20	0	0	0	7 709	0	900	0	900	6 809	3 404	3 404	0	3 404
合計		18 000	42 000	60 000	154 176	60 000	18 000	10 080	88 080	66 096	33 048	33 048	42 000	51 048

自己資本内部収益率（IRR）：10.5%

索　　　引

―― 著 者 略 歴 ――

1985 年 東京工業大学大学院理工学研究科修士課程修了（土木工学専攻）
1985 年 中部電力株式会社勤務
1992 年 株式会社ニュージェック勤務
2012 年 博士（工学）（立命館大学）
2015 年 宇都宮大学教授
　　　　 現在に至る

マネジメント技術の国際標準化と実践 ― 建設プロジェクトの挑戦 ―
Project Management Standarization and Practices ― Challenges in Construction Projects ―
© Satoshi Yamaoka 2018

2018 年 11 月 2 日　初版第 1 刷発行　　　　　　　　　　　　　　　★

検印省略	著　　者	山やま 岡おか 暁さとし
発 行 者	株式会社 コ ロ ナ 社
	代 表 者 牛 来 真 也
印 刷 所	新 日 本 印 刷 株 式 会 社
製 本 所	有限会社 愛 千 製 本 所

112-0011　東京都文京区千石 4-46-10
発 行 所 株式会社 コ ロ ナ 社
CORONA PUBLISHING CO., LTD.
Tokyo Japan
振替 00140-8-14844・電話(03)3941-3131(代)
ホームページ http://www.coronasha.co.jp

ISBN 978-4-339-05262-6　C3051　Printed in Japan　　　　（森岡）